±660 kV 直流换流站核心设备的结构与原理

马　龙　刘　冬　宋臻吉　主编

山东大学出版社

《±660kV 直流换流站核心设备的结构与原理》编委会

序

直流输电工程输送容量大，输电距离长，技术先进，设备复杂，是跨区能源优化配置的重要形式。银东直流输电工程是世界上首个±660 kV级的直流输电工程，西起宁夏银川东换流站，东至山东胶东换流站，线路长度1333 km，经过宁夏、陕西、山西、河北和山东5省区43个县。工程的投运使得电网大规模优化配置能源资源的功能更加显著，在推进东西部区域协调发展，促进解决能源和环境制约的突出问题方面也将发挥长期作用，创造良好的社会、环保和经济等综合效益。工程的建成投运将对今后该电压等级直流输电工程的建设与运行起到示范作用。

为全面介绍±660 kV银东直流输电工程设备情况，我们编写了《±660 kV直流换流站核心设备的结构与原理》一书，全面系统系统地介绍了换流变压器、换流阀及阀控系统、阀水冷系统、直流控制保护系统以及直流场设备的结构和原理。本书内容详实，图文并茂，既可作为介绍设备结构的原理性书籍，也可以作为新入职员工的培训教材。相信该书的出版将进一步加强直流运检人员对换流站核心设备知识的掌握程度，提高直流运检人员的技能水平。

孙洗凡

2018年4月

前　言

银东直流输电工程是世界上首个±660 kV 级的直流输电工程，作为西电东送的重要通道，在单台换流变压器容量、换流变运输重量、单个阀厅建设规模、单个阀组耐受电压、单个 12 脉动换流阀容量、单阀晶闸管数量 6 个方面创造了直流输电工程的新纪录。工程的投运标志着我国在远距离、大规模直流输电技术领域取得了又一重大突破，标志着我国建设具有自主知识产权的高、精、尖直流输电工程的技术水平再上了一个新台阶。

银东直流系统的核心设备均为世界上首创，为此，我们编写了《±660 kV 直流换流站核心设备的结构与原理》一书，该书涵盖了换流变压器、换流阀及阀控系统、换流阀水冷系统、直流控制保护系统以及直流场等直流核心设备，大量运用了设备安装初期的现场照片，全面系统地阐述了各设备的结构组成和各部分的功能原理。编写力求准确、清晰，面向生产一线，突出现场实用性。

由于编写人员水平有限，疏漏之处在所难免，在此恳请广大读者批评指正。

编　者

2018 年 4 月

目　录

第一章　换流变压器的结构及原理

第一节　铁芯

铁芯是变压器的重要部件，其特点是在一定频率及磁通密度下具有较低的损耗，且在一定磁场强度下具有较高的磁通密度。

银东±660 kV 直流输电工程直流换流站换流变压器铁芯材质为 0.35 mm 的冷轧硅钢片，表面涂有绝缘电阻高、化学稳定性好、机械强度高、不黏结、耐腐蚀性好的绝缘层。铁芯采用单相四柱式布局，分为 2 个芯柱和 2 个旁轭。2 个芯柱上的线圈全部并联，每柱容量为单相容量的一半。铁芯采用六级接缝，有效地降低了接缝处的空载损耗和空载电流。同时，铁芯采用全斜无孔绑扎结构，间隔一定厚度放置减震胶垫，以降低铁芯磁滞伸缩而引起的噪声。

夹件为板式结构，上夹件无压钉结构，采用腹板下压块压紧器身；下夹件焊有导油盒，配合不同位置的导油孔，精确保证 2 个芯柱上各个线圈的油量分配。拉板下部采用挂钩结构，与下夹件腹板咬合，上部为螺纹结构，在上夹件腹板内侧穿过上横梁锁紧固定。铁轭上下设置高强度钢拉带紧固。夹件系统整体结构简洁，避免了轴销、压钉结构所产生的尖角凸棱，使线圈端部出头及引线的布置简单方便。在保证电气强度的前提下，引线布置可尽量靠近夹件，从而减小变压器的尺寸。

第二节　绕组

同普通变压器一样，换流变压器是一种静止的电器。它是利用电磁感应原理，使一个电压的交流电能转变成另一个电压的交流电能，以达到传输和使用电能的目的。在变压器中，电流流通的材料为导体，即我们通常所说的“绕组”。

按照其连接的系统不同,换流变压器中的绕组通常可分为连接交流系统的网绕组和调压绕组,以及连接换流阀的阀绕组。绕组的排列方式通常有以下两种:铁芯柱→阀绕组→网绕组→调压绕组,铁芯柱→调压绕组→网绕组→阀绕组。银东±660 kV 直流输电工程直流换流变压器的绕组排列方式为后者。

网侧绕组采用纠结加连续式结构,与传统的纠结或内屏连续式结构不同,其轴向纠结采用特殊的阶梯导线绕制 n 个双饼,构成 $n/2$ 个纠结单元。阀绕组多采用特殊的内屏连续式,与常见的插入电容式内屏连续式绕组不同,这种特殊的绕组在内屏部分的屏线与工作线融为一体,通过对屏线在不同位置进行断开来调节匝间电容。

第三节　油箱

油浸式变压器的油箱是保护变压器器身外壳的盛油容器。它既是装配变压器外部结构的骨架,同时又通过变压器油将器身损耗所产生的热量以对流和辐射的方式散至大气中。

作为盛油容器,油箱必须是密封、不漏油、不渗漏的,这包括两方面的含义:所有钢板材料和焊缝不渗漏,所有机械连接处不渗漏。换流变压器的油箱应满足如下要求:

(1)油箱上要带有坡度为 1.5°的连管,以安装气体继电器。当不正常气体在气体继电器内聚积到 250~300 mL 或油流速达到相应整定值时,分别接通保护装置的报警和跳闸触电。

(2)油箱上要留有安装导流式压力保护装置的法兰盘,当变压器内部由于故障而导致压力升至 55 kPa 时,保护装置要能可靠地动作,释放内部压力。

(3)油箱上要留有安装温度传感器的管座。

(4)持续 24 h、在最高油面处施加 30 kPa 内部静压力的油密封试验不得有渗漏和损伤。

(5)变压器应承受 98 kPa 的内部压力和 0.133 kPa 的真空压力试验,且不得有损伤,不允许出现永久变形。

第四节　网侧套管

网侧套管连接换流变压器网侧绕组的首端,其引出线部位直接与交流电网相连。银东±660 kV 直流输电工程直流换流站换流变压器的网侧套管为油纸电容式,其内外结构如图 1-1 所示。

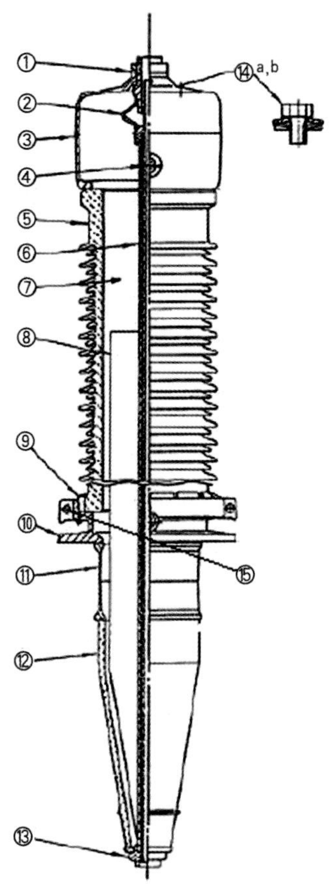

图 1-1　银东±660 kV 直流输电工程直流换流站换流变压器的网侧套管结构

图中各部件分别是:

① 顶端螺母,作用是在固定引线金具后,将换流变压器绕组引线连接至外部电力线路。

② 套管顶部软连接。

③ 网侧套管储油柜,作用和换流变压器本体储油柜一样,是为了补偿套管内部变压器油随温度变化引起的体积变化。储油柜内有强力弹簧,用以将套管连接成一个整体,不发生渗油和漏油。

④ 油位指示器,用以指示套管储油柜中的油位。

⑤ 瓷绝缘子,用来保证在污秽和淋雨条件下套管仍有足够的爬电距离,套管上部瓷件根据需要设计成大小伞的形状。

⑥ 导杆,又称“预埋杆”。当额定电流大于 1250 A 时,常用导杆式连接的套管,其导电连接是绕组引线在套管下部的均压罩内直接和下部接线头连接,不使用电缆,电流直接由铜管导流,套管上部的接线头直接和铜管连接。

⑦ 变压器油。

⑧ 电容芯子。电容式套管的内绝缘是电容式结构,由高压电缆纸和导电铝箔组成油纸电容芯子。在套管中心,铜导电杆处于额定电压点位,而其最外侧接近接地法兰处是地电位,电位必须由中心的最高电位降低到最外侧的地电位。

⑨ 夹紧装置,用来连接套管上下两部分。

⑩ 安装法兰,用来将网侧套管固定在套管升高座上。

⑪ 中间法兰。

⑫ 瓷质绝缘子。

⑬ 底部末端螺母。

⑭ 密封垫。

⑮ 测量端子和电压抽头(末屏)。在中间接地法兰上布置了测量端子和电压抽头。测量端子是从电容芯子最外一层电容屏通过绝缘套管引出的,该层电容屏主要用来测量电容套管的介质损耗因数和电容量。由于该端子对地电容相对套管主电容来说是比较小的,因此在套管带电运行时,测量端子必须接地,以保证套管的安全运行。

特别需要注意的是,末屏盖内部有卡扣,如图 1-2 所示,正常运行时,卡扣会卡在末屏上,使末屏接地,同时可防水,避免试验、检修过程中因末屏未接地而出现意外情况。

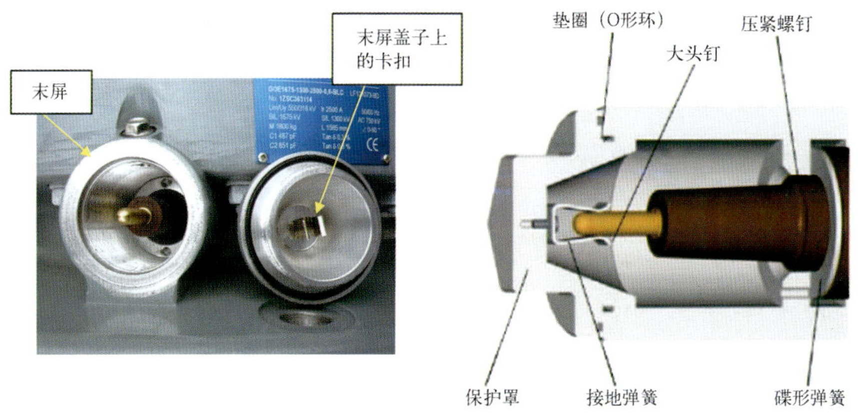

图 1–2　末屏实物图与结构图

第五节　中性点套管

中性点套管连接网侧绕组的末端，网侧绕组经中性点套管直接接地。银东±660 kV 直流输电工程直流换流站换流变压器的中性点套管亦为油浸电容式,如图 1–3 所示,其结构与网侧套管类似,在此不再赘述。

图 1–3　中性点套管实物

第六节　阀侧套管

换流变压器阀侧套管连接阀侧绕组首末两端，直接与换流阀相连，是换流变压器实现交、直流隔离和功率传递的重要组成部分。银东±660 kV 直流输电工程直流换流站换流变压器阀侧套管为六氟化硫(SF_6)-油绝缘电容式，其内外结构如图 1-4 所示。

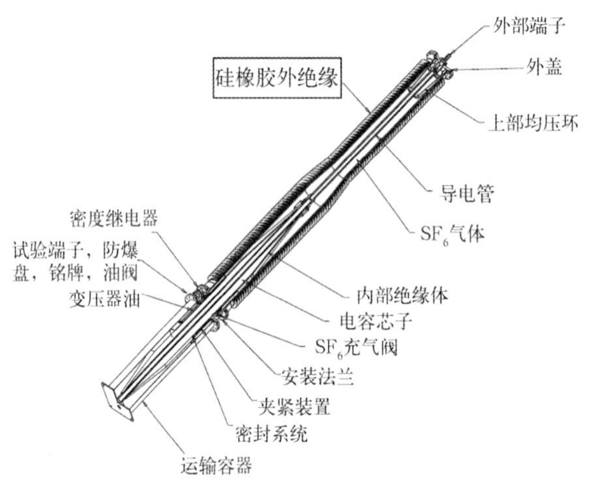

图 1-4　阀侧套管结构

换流变压器阀侧套管的结构与网侧套管的结构有所不同。换流变压器阀侧套管为油-气绝缘电容式套管，如图 1-5 所示，其内部结构可分为气腔、油腔两大部分。气腔位于套管的上半部分，内部充有 SF_6 气体作为套管的绝缘介质；油腔位于套管的下半部分，由电容芯子、变压器油填充而成。

由于阀侧套管内部的绝缘介质中含有 SF_6 气体，因此在安装法兰部位设置了 2 个密度继电器以及 1 个防爆膜，用来监视套管内部 SF_6 气体的压力并保护套管在内部气体压力突然增大时不受损害。除此之外，在套管安装法兰面上还设有 2 个排油口，用来排除套管内部的变压器油，以方便套管的安装与更换。

套管内 SF_6 密度继电器设有 3 个副接点，其整定值分别为 0.35 MPa、0.33 MPa、0.31 MPa，其中 0.35 MPa 与 0.33 MPa 是告警值，0.31 MPa 为跳闸

值。套管的防爆膜动作值为 0.55 MPa。

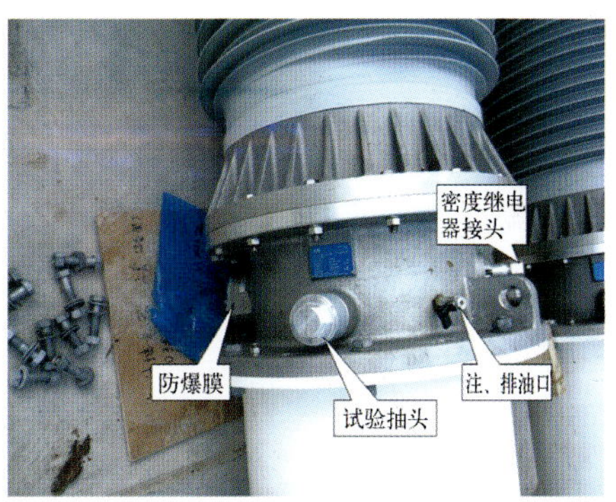

图 1-5　换流变压器阀侧套管的实物与结构

第七节　有载分接开关

银东±660 kV 直流输电工程直流换流站换流变压器所配备的有载分接开关为 ABB 公司生产的 UCLRE 380/900/ⅢS 型，主要由切换开关、分接选择器、电动机构三大部分组成。除此之外，在分接开关上还装有传动系统、开关保护装置、储油柜、远方挡位显示装置、自动电压调整器以及 BCD 编码器等附件。

一、有载分接开关的原理

由于在换流变压器正常运行的过程中，有载分接开关挡位切换会产生电弧，高温电弧会导致切换开关周围的变压器油分解，产生大量分解产物及气体，严重影响变压器本体内部的绝缘，因此，应将分接开关的切换开关与变压器本体隔离，将前者放置在单独的油箱内。有载分接开关的整体结构及切换开关的结构如图 1-6 所示。

分接开关安装在变压器油箱内。电动操动机构安装在变压器油箱壁上，通过驱动轴和斜齿轮与有载分接开关相连。切换开关主要由主触头与过渡触头组成。其中，主触头用来承载通过电流，不经过过渡阻抗与变压器绕组相连，并且也不能接通和断开任何电流；过渡触头经过串联的过渡阻抗与变压器绕组相连，能够接通和断开电流。选择开关由 2 个槽轮组成，2 个槽轮分别代表单数、双数挡位。当变压器挡位切换时，首先由电动机构内的电机转动带动传动机构动作，随后由选择开关动作，其摆臂连接到所要调节的挡位，切换开关再进行动作将负荷转移到相应的挡位，完成调压过程。总之，分接开关挡位切换的过程是“先选择、后切换”。

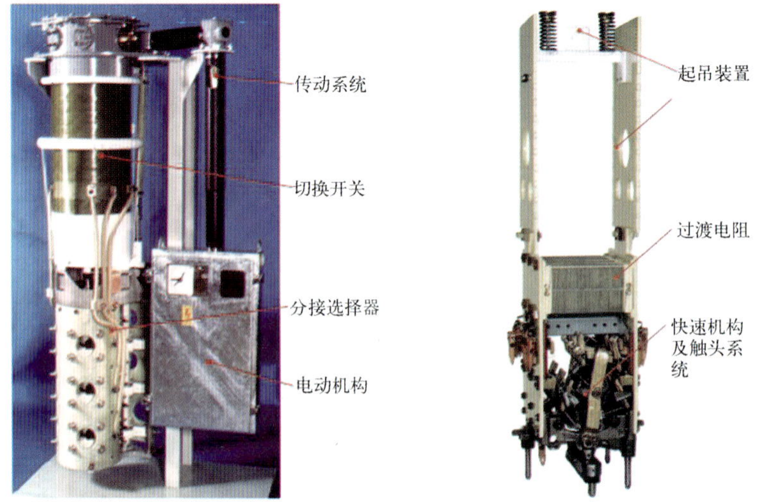

图 1-6 有载分接开关的整体结构(左)及切换开关的结构(右)

下面以分接开关由 7 挡切换至 6 挡为例，介绍选择、切换的原理。

(1)主触头 x 通过负载电流，H 触头壁接第 8 分接，V 触头壁接第 7 分接，此时分接开关在第 7 分接运行，如图 1-7(a)所示。

(2)当挡位由 7 挡切换至 6 挡时，主触头 x 不动作，继续通过负载电流，H 触头壁由第 8 分接移至第 6 分接，V 触头壁不动，如图 1-7(b)所示。

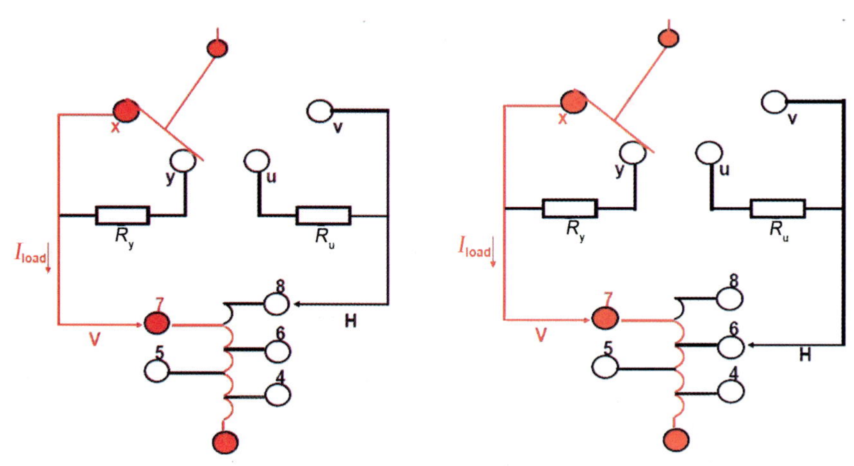

图 1-7 分接开关选择开关动作示意图

(3)如 1−8 所示,主触头 x 断开,切换到过渡触头 y 运行。

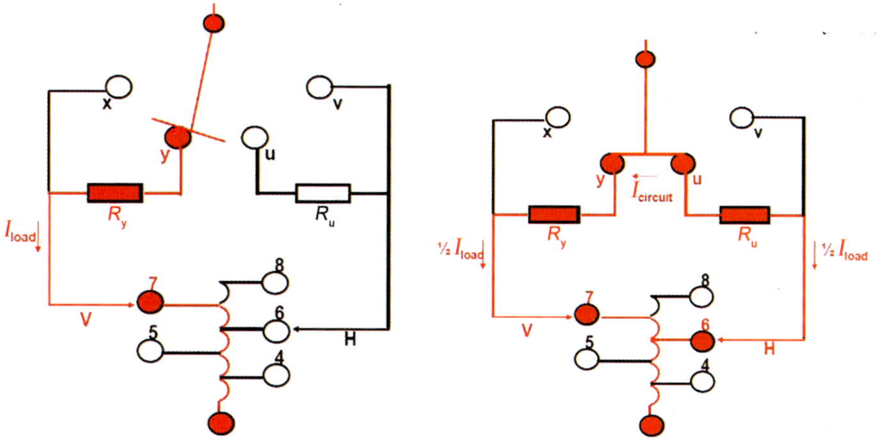

图 1-8　主触头动作示意图

(4)过渡触头 y 及过渡电阻 R_y 通过负载电流。

(5)过渡触头 y 及 u 均接通,负载电流在过渡触头 y 和 u 两回路间分配通过,在分接 7、6 与过渡触头 y、u 之间的闭合回路产生环流,这个环流的大小由 R_y、R_u 决定。

(6)如图 1−9 所示,过渡触头 y 断开,切换至过渡触头 u 运行。

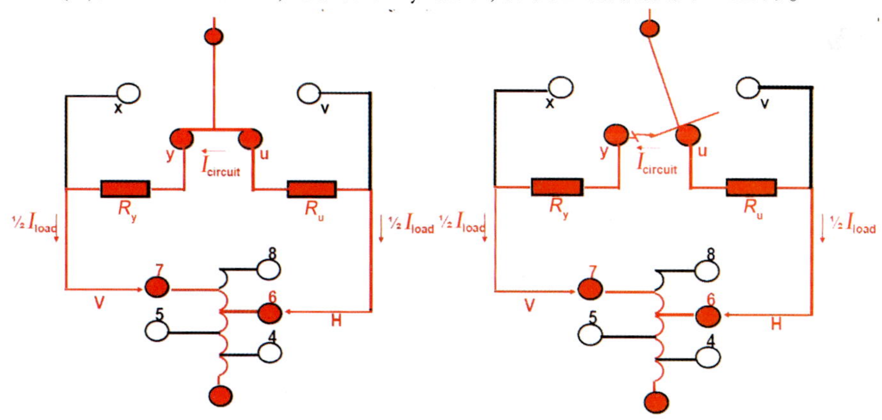

图 1-9　过渡触头 y 及 u 均接通时的电流流向

(7)过渡触头 u 及过渡电阻 R_u 通过负载电流。

(8)如图 1−10 所示,主触头 v 及过渡触头 u 均闭合,主触头 v 通过负载电流,开关完成由 7 挡至 6 挡的切换操作。

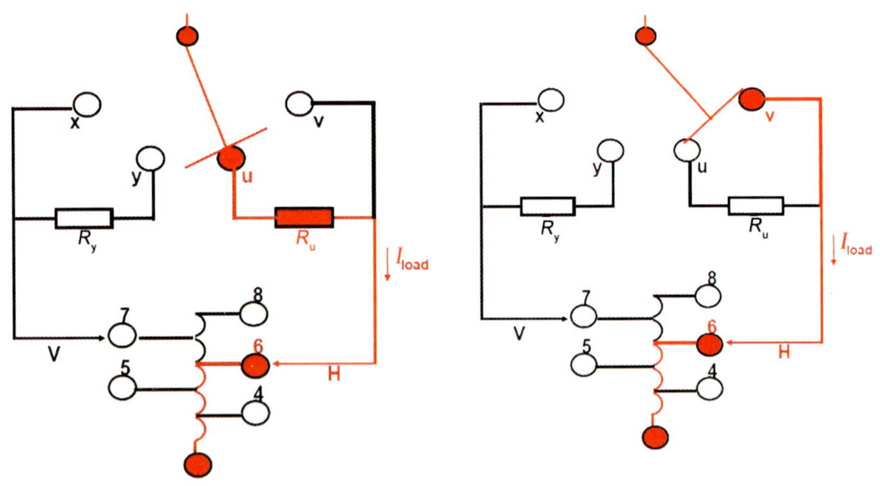

图 1-10　主触头切换到主触头动作示意图

二、有载分接开关的电动机构

银东±660 kV 直流输电工程直流换流站有载分接开关为 BUE2 型。现以“就地升操作”为例，对分接开关电动机构的控制原理进行简要介绍。电动机构箱内的各功能按钮如图 1-11 所示。

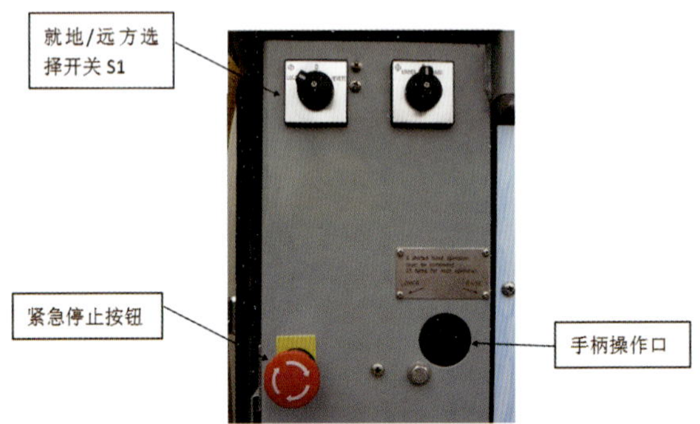

图 1-11　有载分接开关的电动机构

(一)电机主回路

电机端子 A、B、C 三相经接触器 K2(升)或 K3(降)、限位开关 S6.2 或 S6.1、带电脱扣的电机保护开关 Q1 接到端子 X1/1、2、3 上，与电源 L1、L2、L3 相连。

如图 1-12 所示，控制回路经端子 X3/1、2、3 与电源 L1、N 接通，线路中接入控制选择开关 S1(就地/远方选择开关)、控制开关 S2(就地升/降控制按钮)、步进接触器 K1、升接触器 K2、降接触器 K3、保持触点 S11 及 S12、手柄连锁开关 S5、时间继电器 K6、限位开关 S6 以及远方急停按钮 S8。

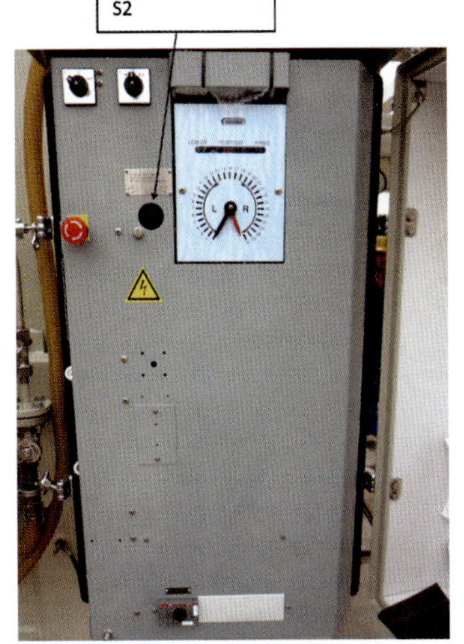

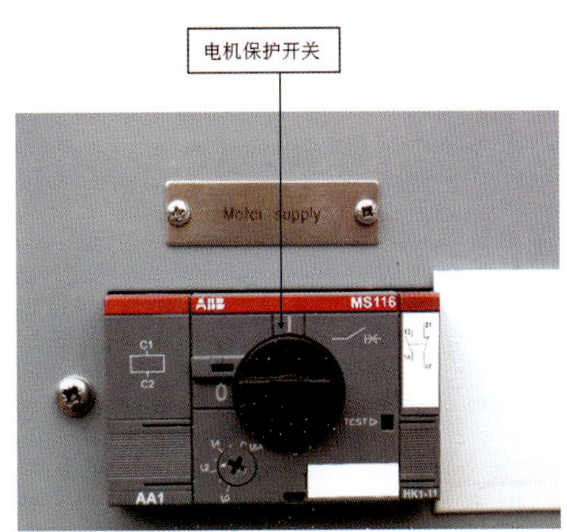

图 1-12　升/降控制按钮和电机保护开关实物图

(二)就地升操作

合上电机主回路上的电机保护开关 Q1，然后把控制开关 S1 打到“LOCAL”(就地)位置，S1 上的就地触电闭合，控制回路处于就地控制状态。

转动控制开关 S2 到升位置，发出升操作的启动信号，S2 的升触电闭合，电流通过 X3/2 经 S1(1-2)→S2(1-4)→K1(32-31)→S12(7-8)→S6.2(3-4)→S5(11-12)→K3(22-21)→K2(A1-A2)→S1(11-12)到 X3/3，K2 继电器通电吸合，K2 的 1-2、3-4、5-6 闭合，使电机主回路线路接通，电机转动。同时，K2 的 21x-22x 断开，以闭锁降操作回路。启动信号需保持 0.4 s。

(三)保持、步进与停止

电机转动约 0.4 s 后，通过电动机构的机械部件 S12 动作，使 S12 的 3-4、9-10 闭合，5-6 打开。电流通过 S12 的 9-10、X4/2-1、K1(A2-A1)，K1 继电器的线圈吸合，K1 的 31-32、41-42 打开，1-2、3-4、5-6 闭合，这

样闭锁住升、降控制开关,实现电动机构的步进操作。此时 K2 线圈的吸合由 S1(7−8)→S12(3−4)→S12(7−8)→S6.2(3−4)→S5(11−12)→K3(21−22)→K2(A1−A2)→S1(11−12)回路通电保持。直到电机转动约 4.5 s,驱动 S12 动作的机械部件复位,S12 上的所有触点也都复位,给 K2 线圈通电的回路断开,升接触器复位使电机断电,同时启动触点 S11(1−2)再次闭合。一个由保持触点的动作臂操作的制动盘使电动机构停在正常的运行位置上。如果电动机构运行过程中控制电源断电,因 S12(3−4)是闭合的,故在重新恢复供电后电动机构将继续按原动作方向自动启动并运行到正确的位置上。

(四)滑挡保护

当升启动信号发出后,升接触器 K2 吸合,K2 的 13−14 触点闭合,电流流经 S1(7−8)→K2(13−14)→K6(A1−A2)→S1(11−12)回路,给时间继电器 K6 的线圈通电,K6 开始工作计时。如果控制回路因为故障导致电动机构滑挡运行,当连续运行时间达到 K6 的设定值(16 s)时,K6 的 15−18 触点闭合,回路 S1(7−8)→K6(18−15)→Q1(14−13)→Q1(C2−C1)→S1(11−12)导通,电机保护开关 Q1 的电脱扣线圈通电动作,Q1 跳闸,电机主回路断电,电动机构停止运行。在 K6 动作后,必须尽快把控制选择开关 S1 转到“0”位使 K6 复位,否则可能会损坏时间继电器。

(五)紧急停止

电动机构在运行过程中出现故障,需要紧急停止时,就地操作时可按下紧急停止按钮 S8,回路 S1(7−8)→S8(13−14)→Q1(C2−C1)→S1(12−11)导通,Q1 的电脱扣线圈通电动作,Q1 跳闸,电机主回路断电,电动机构停止运行;远方操作可通过给 X3/8 端子施加一个与 X3/2 端子相位一致的电压信号来实现 Q1 的跳闸。

(六)加热器及照明灯回路

经端子 X2/1、2 与电源 L1、N 接通, 加热器 E1 与灯 E3 并联在一起,与端子相连接,灯回路中还接入了由箱门控制的开关 S9 以控制灯的亮灭。

(七)就地降操作

当控制开关 S2 转到“降”位置时,接触器 K3 动作,控制回路将产生一个与升操作类似的操作过程,在此不再赘述。

BUE 型电动机构的控制电路如图 1-13 所示。

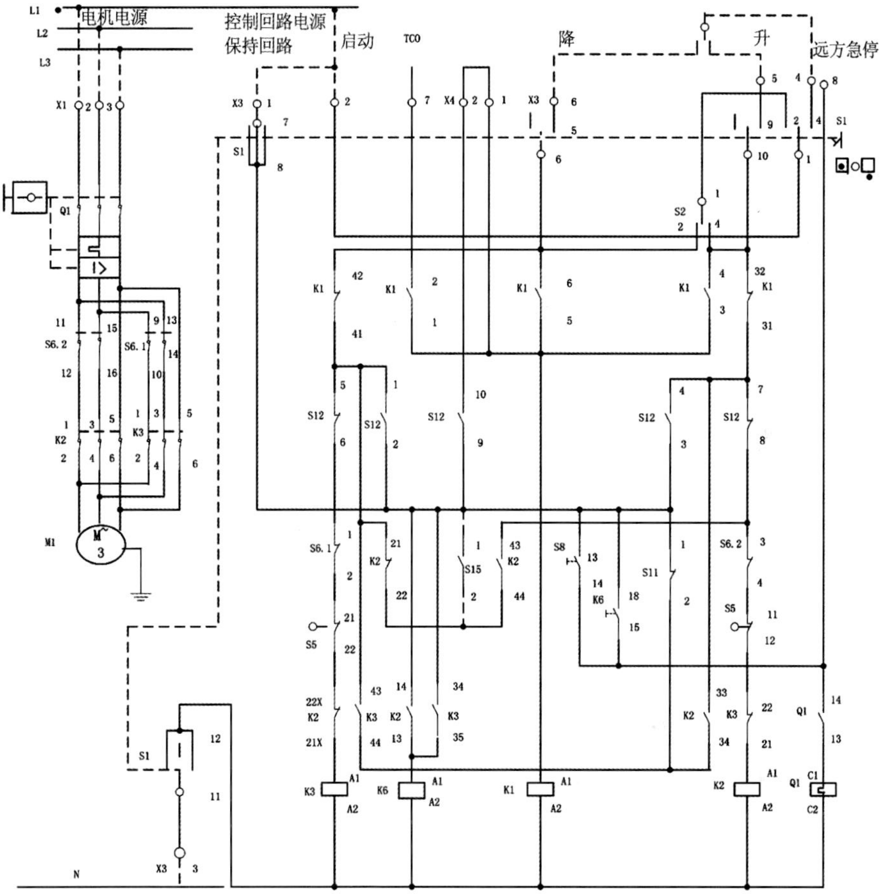

图 1-13　分接开关电动机构的控制电路

三、在线滤油机

当换流变压器在满负荷情况下运行时，分接开关会频繁动作。通过前面的介绍可知，分接开关的动作过程伴随着拉弧放电，高温电弧会使分接开关油箱内的油分解成气体，并产生油污。配备在线滤油机可以时时对分接开关油箱内的变压器油进行过滤，及时滤除油中的水分、气体及固体分解物，使变压器油保持较高的绝缘水平，从而获得更大的安全裕度来防止发生闪络。在线滤油机的实物与结构分别如图 1-14 和图 1-15 所示。

图 1-14　在线滤油机的实物

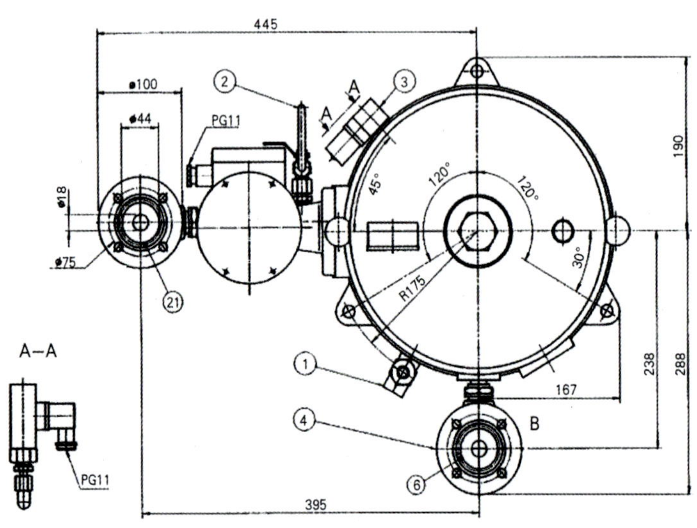

图 1-15　在线滤油机的结构

①排油阀　②取样阀　③压力开关　④法兰　⑤密封圈　⑥密封圈

如图 1-15 所示，滤油机单元主要由底座、滤油室、取样阀、电动机、油泵以及油管路、阀门组成。底座上安装了一个排油阀(图中的①)，当更换滤芯时用来排出滤油室内的油。在底座上还有一个压力开关,当滤油机内部压力超过 2 bar(1 bar=0.1 MPa)时,会发出报警信号提示更换滤芯。更换滤芯的方法是:

(1)关闭滤油机电源开关,关闭滤油机进/出油阀门。

(2)排出滤油机内部的残油。

(3)拧开滤油机中部的螺钉,取下滤油机上部的盖子。

(4)将废旧的滤芯取出,用干燥的无毛布擦拭滤油机内部,将新的滤芯安放在滤油机内。

(5)盖上滤油机上部的盖子,开启滤油机进/出油阀门,并开启滤油机电源开关。

油泵安装在滤油机底部,这样能够保证油在滤油机内部的走向是由上往下的。同时,在油泵上装有取样阀及电动机。在正常运行过程中,在线滤油机一般需每隔 7 年维护一次。如滤芯在前一次维护时没有更换,那么即使后一次维护时压力表上显示的压力小于 2 bar,滤芯也必须更换。为了使滤油效果达到最佳,在线滤油机采取的是不间断滤油的方法。

四、分接开关储油柜

由于有载分接开关的切换开关部分在正常切换过程中会使油裂解,产生气体,因此切换开关必须被放置在一个单独的带有储油柜的油箱中。

由于分接开关本身动作时伴随着拉弧放电现象,因此对分接开关油的储存不必像本体变压器油那样严格。银东±660 kV 直流输电工程直流换流站换流变压器分接开关储油柜为敞开式,通过一根直径为 25 mm 的、带有“三通”的管路与 2 台有载分接开关相连。储油柜内部装有浮球式油位探测器,通过法兰及传动杆与波纹管式油位计,储油柜中的油位可直接显示在油位表上,为运行人员巡视检查提供了方便。

同时,敞开式储油柜内部的变压器油通过吸湿器与大气相通,能够满足变压器油随温度变化而发生的体积膨胀或收缩,通过吸湿器可将空气中的水分吸收,起到保护油的作用。分接开关储油柜的结构与实物如图 1-16 所示。

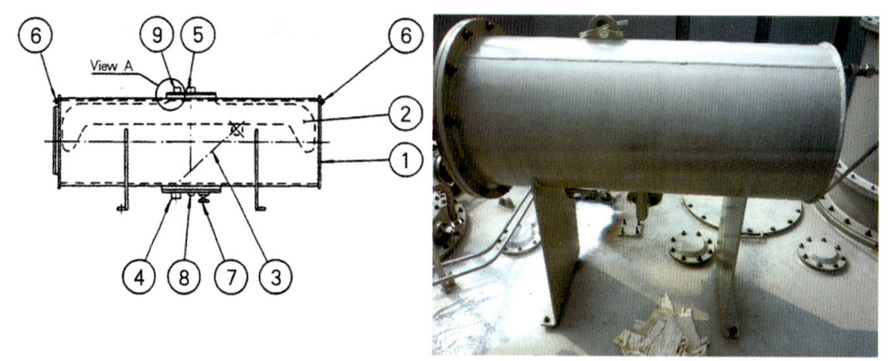

图 1-16　分接开关储油柜的结构与实物

①柜盖　②柜体　③空气　④变压器油　⑤油位计

⑥柜脚　⑦吸湿器　⑧放油塞　⑨密封进口

五、分接开关压力继电器

当切换开关油室内发生故障时，油室内压力增大，促使压力继电器动作发出换流变压器跳闸信号，换流变压器退出运行。

银东±660 kV 直流输电工程直流换流站每台换流变压器配有 2 台压力继电器，分别装在每台有载调压开关的油箱上，如图 1-17 所示。

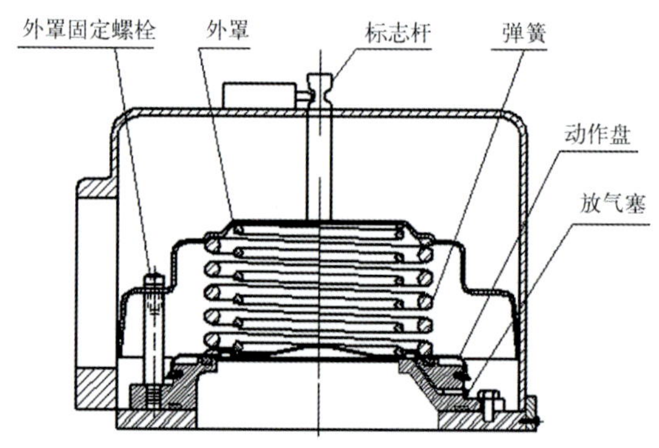

图 1-17　分接开关压力继电器的结构

如图 1-17 所示，当作用在压力继电器下部活塞上的压力大于活塞上弹簧的压力时，活塞将向上移动，触发开关元件，发出跳闸信号。

六、压力释放阀

压力释放阀是变压器的一种压力保护装置。当变压器内部有严重故障时，油将分解产生大量气体，由于变压器是基本密闭的，连通储油柜的连管直径比较小，仅靠连通储油柜的连管不能有效、迅速地降低压力，会造成油箱内压力迅速升高，导致变压器油箱破裂。此时，压力释放阀将及时打开，排出部分变压器油，降低油箱内压力。当压力降到压力释放阀的关闭压力值时，压力释放阀又会可靠地关闭，使油箱内永远保持正压，有效防止外部空气、水及其他杂质进入油箱。在压力释放阀开启的同时，有一颜色鲜明的标志杆将向上动作且明显伸出顶盖，表示压力释放阀已动作过。在压力释放阀关闭时，标志杆仍滞留在开启后的位置上，必须手动复位。压力释放阀的实物与结构如图 1–18 所示。

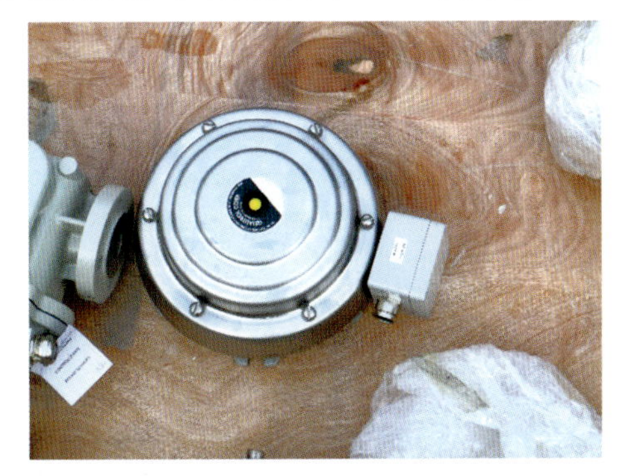

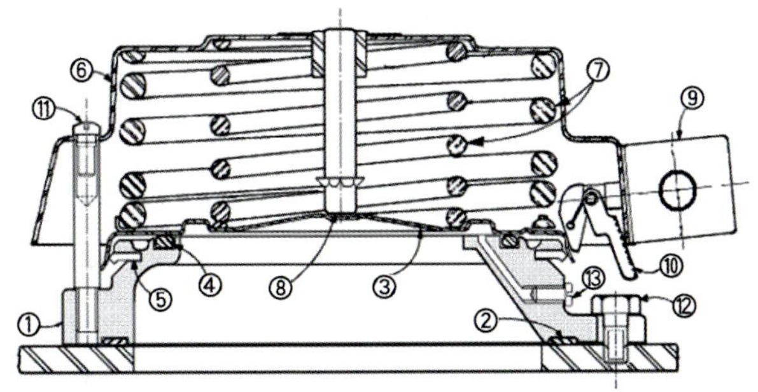

图 1–18　压力释放阀的实物与结构

如图 1–18 所示，压力释放阀是用螺栓⑫固定在变压器油箱盖上的，由密封圈②密封。释放阀的盖⑥用螺栓⑪固定在法兰①上，盖⑥通过两个弹簧⑦对膜盘③施加压力，膜盘③通过 2 个密封垫圈④和⑤密封。

当变压器油对密封垫圈④限定的膜盘③的面积上的压力大于弹簧⑦的压力时，膜盘③开始向上移动，变压器油的压力就作用在密封垫圈⑤上。由于作用面积增加，膜盘③上的压力快速增加，膜盘移动到弹簧⑦

限定的位置,变压器油排出,变压器内的压力迅速降低到正常值,膜盘③受弹簧的作用回到原来位置,释放阀重新密封。

在膜盘③向上移动时, 机械指示销⑧受膜盘③的推动也向上移动,并由销的导向套⑬保持在向上位置,不随膜盘③回到原位置而下落。带颜色的销⑧向上突出,可以从远处看到,从而给巡视检查提供了方便。

第八节 本体储油柜及其附件

一、本体储油柜

胶囊式储油柜通过耐油尼龙胶囊使变压器油与空气隔绝,胶囊内部经过吸管及吸湿器与大气相通。胶囊外表面和变压器油相接触,这样可以使空气中的水分和氧气不接触变压器油,从而防止空气中的氧气和水分浸入,延长变压器油的使用寿命,具有良好的防油老化作用。

当变压器油箱中的油膨胀或收缩时, 储油柜油面将会上升或下降,使胶囊向外排气或自行补充气以平衡胶囊内外的压力,起到“呼吸”的作用。

当储油柜油面变化时,储油柜油位表浮球的位置将随储油柜的油面而变化,从而引起浮球所带连杆与垂线的夹角发生改变,并通过油位表内部齿轮及磁钢的传动,带动油位表指针指示出油面高度。当达到上限或下限位置时,通过接点发出相应的信号。

在变压器安装期间,需要特别注意的是,本体储油柜不允许抽真空。胶囊式储油柜的结构与实物如图 1-19 所示。

二、吸湿器

在变压器运行的过程中,外界环境温度的变化会引起变压器油温的变化,这种变化将直接导致储油柜“吸进”或“呼出”一些气体。为了避免在“吸进”的过程中使变压器油接触到空气中的水分,在每个储油柜上都装设了吸湿器,如图 1-20 所示。吸湿器安装在储油柜顶部,从根本上来说,它的作用是提供变压器在温度变化时内部气体出入的通道,缓解正常运行中因温度变化产生的对油箱的压力。

吸湿器内填充有硅胶,用来吸收空气中的水分。正常时,吸湿器内的硅胶为橙色，吸水后硅胶变为蓝色。在吸湿器底部装有油封杯，油封杯的作用是延长硅胶的使用寿命，把硅胶与大气隔离开，只有进入变压器内的空气才能通过硅胶。

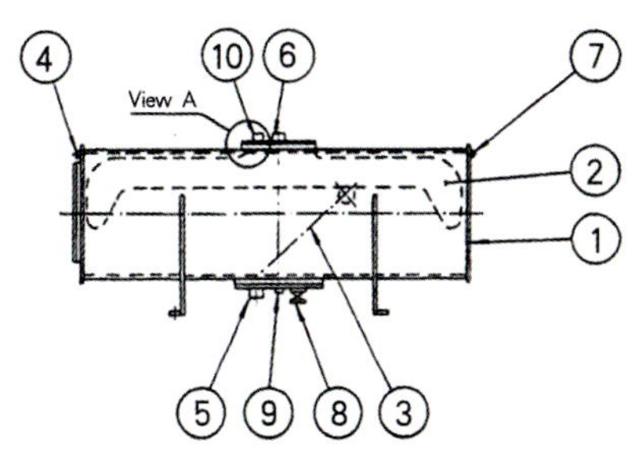

图 1-19　胶囊式储油柜的结构与实物

①储油柜　②气柜　③浮臂　④左出气阀　⑤油位指示器传动装置
⑥连接点　⑦右出气阀　⑧断流阀　⑨排水阀　⑩密封端

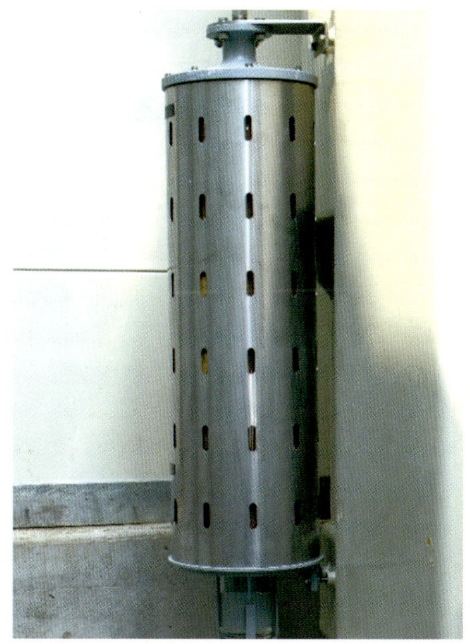

图 1-20　换流变压器吸湿器实物图

三、油位计

与以往的换流变压器不同，银东±660 kV 直流输电工程直流换流变压器的油位计并不是安装在油枕上部，而是通过液压系统以及毛细管连接到变压器油箱上，以便于运行人员巡视检查。油位计的实物如图 1–21 所示。

图 1–21　油位计的实物

油枕内的油位是通过一个连有传动杆的浮球检测的。浮球通过浮球臂连接到油枕底部的传动法兰上，传感器的传动销子以偏心的方式连接到浮球臂上，传感器指针通过探测浮球的位置，将油箱内的油位传动到贴紧油箱的传感器上。在油箱外侧，温度表探针固定在一个液压传感器内，这个液压传感器由 2 个紧密相连并充满液压液的波纹管组成，每个波纹管都通过一段金属毛细管与就地指示仪表相连。金属毛细管的另一端，接在就地指示仪表内的两个波纹管上，油位表内的液压传感器结构与油枕下部的相同。

一旦油箱内的油位发生变化，胶囊也会发生相应的变化，这样就会导致浮球臂移动。这一系列动作过程会导致油枕下方的 2 个波纹管中的 1 个收缩，另外 1 个扩张。因为在油位指示器中的 2 个波纹管是以同样的方式连接的，因此当油枕底部的波纹管位置发生变化时，油位指示器中的 2 个波纹管相对位置也会发生变化，而这 2 个波纹管连接着仪表的指针，故指针也会发生相应的变化，显示出油位的高低。

将 2 个波纹管成比例地布置能够自动补偿周围温度的变化，从而避免因温度变化导致出现假油位的可能。

第九节　气体继电器

气体继电器是变压器的一种保护组件，当变压器内部有故障而使油分解产生气体或造成油流冲击时，继电器的接点动作，发出报警或跳闸信号。银东±660 kV 直流输电工程直流换流站每台换流变压器均配置了7台瓦斯继电器，其用途和安装位置如表1-1所示。

表 1-1　瓦斯继电器的用途和安装位置

序号	管路通径	安装位置	用途	告警类型
1	80 mm	本体储油柜与本体油箱之间的管路	监视本体内部变压器油内的气体含量及油流速	轻瓦斯告警，重瓦斯跳闸
2	25 mm	网侧套管升高座	监视网侧套管升高座内的气体含量	轻瓦斯告警，重瓦斯跳闸
3	25 mm	中性点套管升高座	监视中性点套管升高座内的气体含量	轻瓦斯告警，重瓦斯跳闸
4	25 mm	阀侧套管升高座(两个阀侧套管升高座各装1台)	监视阀侧套管升高座内的气体含量	轻瓦斯告警，重瓦斯跳闸
5	25 mm	有载分接开关选择开关上部（两台分接开关各装1台）	监视并监测分接开关动作时，选择开关是否拉弧、产气	轻瓦斯告警，重瓦斯跳闸

气体继电器内部可分为上、下两部分，上部分由一个浮球及其相连的永久磁铁组成，用于监视和检查变压器内部的含气量；下部分由一个挡板、一个浮球及永久磁铁组成，用来监视变压器内部油的流速。

当变压器内部发生弧光异常放电、局部放电或局部过热等故障时，通常会导致气体产生，气体通过连管进入气体继电器上部的气室内，迫使继电器上浮球及上浮球连带的永久磁铁下降，当收集的气体体积达到预先整定的数值时，就会接通干簧继电器触头，启动报警接点。如果气体继续积聚，继电器内的油位会继续降低，直至气体全部排到储油柜内，而不会影响继电器下浮球。

当变压器内部发生严重故障，引起变压器油快速流动时，固定在下浮球侧面的挡板即会向流动方向移动，使下浮球下沉到整定位置，和下浮球连在一起的永久磁铁接通干簧继电器触头，发出跳闸信号。瓦斯继电器的实物与原理图如图 1-22 所示。

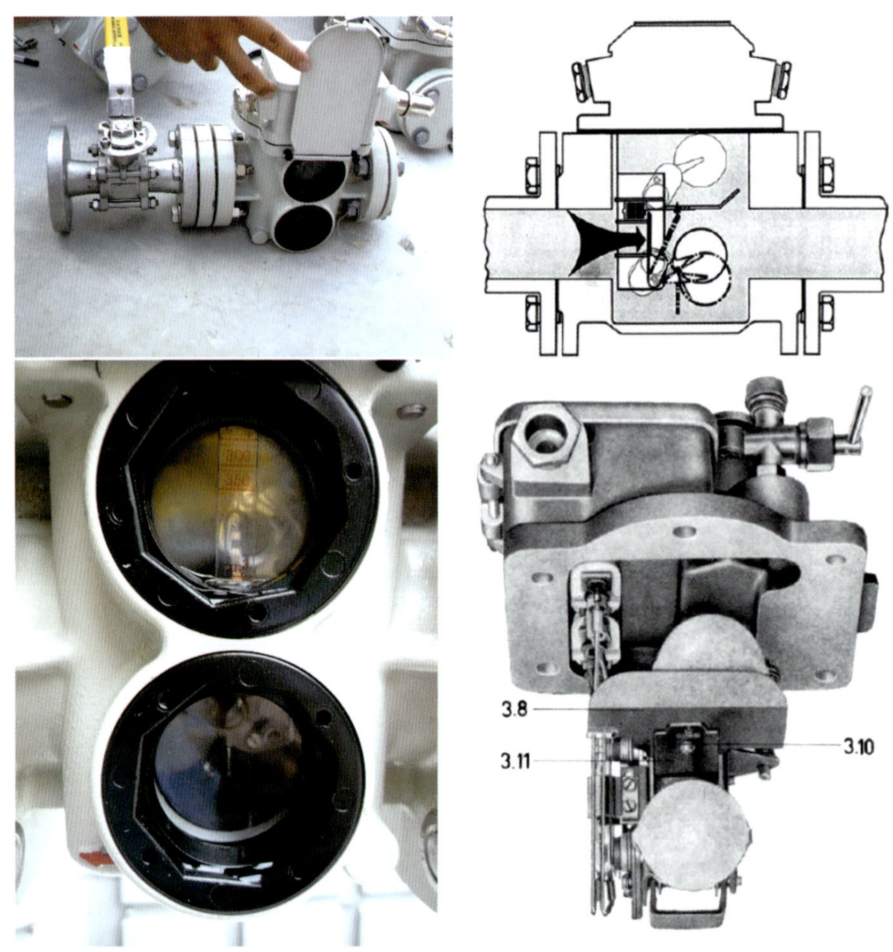

图 1-22 瓦斯继电器的实物与原理图

第十节 冷却器

变压器在运行时产生的损耗(空载+负载)都会转变为热能,并以多种方式向周围散出。由于变压器在运行时是连续产生热量的,但整体外表面积是有限的,所以必须附加一些冷却系统(热交换器),以尽快地将电力设备的温度降低,保证设备的安全性。通常所用的热交换器分为三种:片式散热器、强迫油循环风冷却器、强迫油循环水冷却器。银东±660 kV 直流输电工程直流换流站换流变压器的冷却方式为强迫油循环风冷却器。强迫油循环风冷却器由上下集油盒、多根外部轧制出的翅翼(按一定距离排列的管束)、风机、油泵、油流计、导风筒、风机安全开关等组成。

变压器油由油泵获得的动力而流动,通过管束内壁将热量传导到管子的翅翼上,再由旋转的风机将热带入大气中。油在冷却器内的流向为由换流变压器上部流出,从底部流入。当散热管束内有油流通过时,冷却器下部的油流指示器内部颜色会由红变白。当冷却器电机过载、过热时,电机的安全开关会自动跳开,以保护风机不受损害。

银东±660 kV 直流输电工程直流换流站每台配置了 4 组冷却器,当检测到换流变压器油温及环境温度达到设定值时,系统会自动发出冷却指令。冷却器启动后,潜油泵先动作,将变压器油由换流变压器顶部抽出,通过管束散热后,再通过换流变压器下部的管道流入。在油经过换流变压器下部的管道时,油流推动指示器动作,指示冷却器管路内部存在油流。

第十一节　油面温度表及绕组温度表

变压器的安全运行和使用寿命与变压器的运行温度密切相关,因此,监视变压器运行过程中的内部温度就尤为重要了。银东±660 kV 直流输电工程直流换流变压器本体配置了 3 块温度表,分别测量顶层油面温度、网侧绕组温度和阀侧绕组温度。

换流变压器油温表为压力式温度表, 其主要组成部分为指示仪表、温包和毛细管。压力式温度表的内部结构与实物如图 1–23 所示。

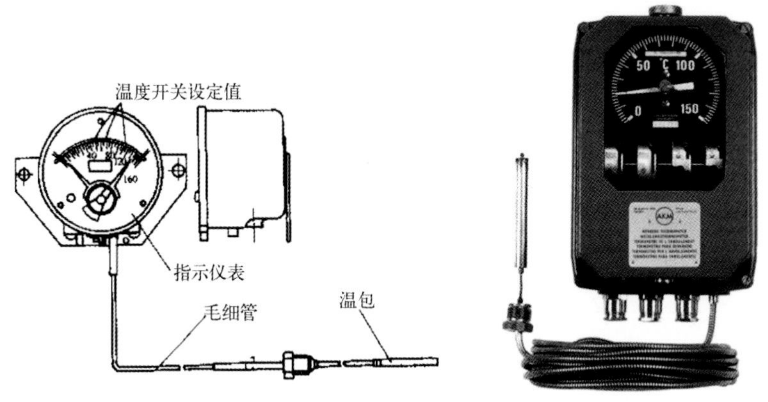

图 1–23　压力式温度表的结构与实物

由图 1-23 可知,温包是通过毛细管与指示仪表相连的。温包放置在和变压器油温相通的温度计座内,温包内充有感温液体,当变压器油温发生变化时,感温液体的体积也随之变化,这一体积变化通过毛细管传递到指示仪表。在指示仪表内有弹性元件,可将体积变化转变成机械位移,通过机械放大后,带动仪表指示变压器内的油温。

与油面温度的测量方法不同,在变压器运行过程中,我们是无法直接测量变压器绕组温度的。在实际工作中,是将测量的油面温度值与计算出来的铜油温差相加,得出最终的绕组温度值。

铜油温差是绕组对油的温升,这一温升和绕组中的损耗与通过电流的大小有关,因此需要通过电流互感器的二次电流加热仪表的电热元件得到这一增量。绕组温度表的结构与实物如图 1-24 所示。

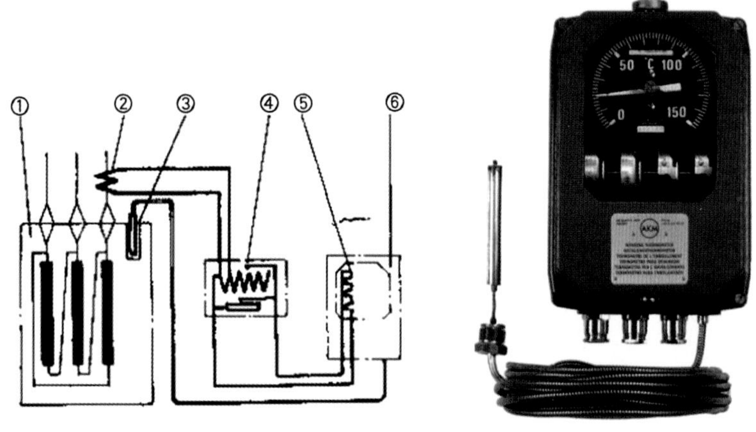

图 1-24　绕组温度表的结构与实物

①变压器　②电流互感器　③温包　④匹配器　⑤电热元件　⑥仪表

在图 1-24 中,将电热元件置于指示仪表中,当对应变压器负载的电流通过电热元件时,电热元件产生热量,使仪表内部的弹性元件变形量增大,此增加量对应铜油温差。因此,在变压器带有负载时,仪表指示对应变压器绕组的温度。

第二章 换流阀及阀控系统

第一节 换流阀的结构及组成元件

一、概述

宁东-山东直流输电工程使用的H400型换流阀为悬吊式双重阀结构,每个双重阀塔均用悬吊式绝缘子吊在钢梁上,采用空气绝缘,用去离子水循环冷却。

银东±660 kV直流输电工程直流换流站包括2个完整单极，即2个12脉动换流单元。每个12脉动换流单元由6个双重阀构成,每个双重阀包含2个单阀，每个单阀包括9个阀模块。换流阀的主要参数如表2-1所示。每个阀模块包含2个阀组件,这2个阀组件有相同的阻尼回路、均压回路、门级单元和di/dt电抗器。银东±660 kV直流输电工程直流换流站的阀塔结构如图2-1所示。

表2-1 换流阀的主要参数

脉冲数(个)	12
阀基类型(悬吊式或支撑式)	悬吊式
每个完整单极中双重阀的数量(个)	6
单阀中的串联阀模块数量(个)	9
单阀晶闸管的数量(个)	107
每个双重阀塔中的晶闸管数量(个)	214
每极晶闸管的数量(个)	1284
单阀晶闸管的冗余数量(个)	4

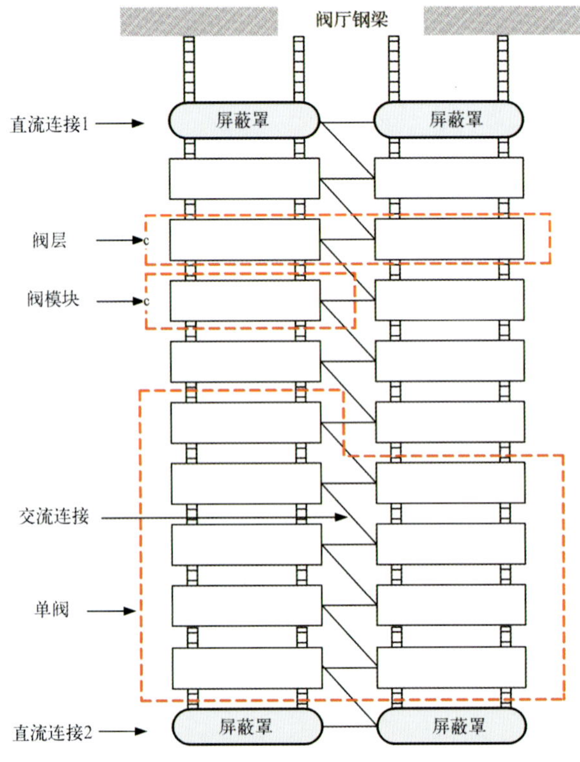

图 2-1　双重阀塔的结构

二、阀塔结构

换流阀主要包括阀模块、屏蔽罩、悬吊支撑结构、阀避雷器等，通过交联聚乙烯(PEX)冷却水管、母线、光缆等实现与冷却系统、直流输电系统等其他一次设备及二次控制系统的连接。

(一)阀塔的整体结构

阀塔采用模块化及标准化结构设计，主结构使用强度高、质量轻、导电及导热性好的铝合金材料，还使用了易于加工、防火阻燃性能好的高强度玻璃增强热固性塑料(GRP)、PEX 等合成材料，同时最大限度地减少了电气和水路连接接头，实现了结构简单、组装方便、可靠性高、便于维护及便于现场安装等换流阀优化设计目标。

(二)阀塔的屏蔽结构

阀塔顶部和底部都安装了屏蔽罩。屏蔽罩表面光洁平整，无毛刺和凸出部分,有效地降低了静电放电的危险。屏蔽罩的边缘和棱角采用圆弧设计,确保它们在高电压下对地没有火花放电。屏蔽罩同时还屏蔽了外界对阀内的电磁干扰,使阀塔内部电场分布均匀,隔离了阀塔之间的相互影响。底层屏蔽还装有集水装置及漏水检测装置,用于检测整个阀塔的漏水情况。

(三)阀悬吊及支撑结构

悬吊部分采用标准的复合绝缘子和调节螺杆,将阀体和避雷器悬挂于阀厅顶部的钢梁上。为便于安装,阀体的悬吊位置可通过调节螺杆来调整。

阀顶部悬吊绝缘子的选择与主回路的结构有关。根据换流站主接线图,阀顶部悬吊绝缘子需要耐受对应直流母线上的最大基准冲击绝缘水平(BIL)值。本工程阀顶部绝缘子的最大 BIL 估算为 1638 kV。

悬吊机构与阀模块间采用柔性连接设计,旨在使每个阀层可在水平方向上摆动。阀顶部的悬吊机构除了能承受阀体的自重外,还能承受垂直方向的拉力,并且留出了很大的裕度,这种设计使换流阀达到了承受允许静态和动态载荷的条件,满足了工程抗震等级要求。阀模块间绝缘子的关键参数如表 2-2 所示。

表 2-2　阀模块间绝缘子的关键参数

参数	数值
最小爬电距离	1500 mm
放电距离	470 mm
BIL	280 kV
工频耐受电压,湿态	114 kV
许用机械载荷(张力)	210 kN
例行试验载荷(张力)	105 kN

(四)阀避雷器

阀避雷器用绝缘吊杆悬吊于阀塔外侧。每个双重阀需要悬吊串联 2 个避雷器,并通过软连接母线与每个单阀并联,形成柔性连接系统,从而满足机械应力及抗震设计的要求。

(五)阀塔绝缘设计和模块连接

阀塔的基本结构设计为对称结构,有效地减少了使用的连接母线类型及数量,结构简单。层内及层间阀模块用铝制管母连接于阀端部的铝排上。光缆槽固定在阀顶部,并分 2 路垂直进入阀内,向下沿门极单元侧的槽形支架走线,在每个阀层处分线。光缆槽采用圆弧形设计,保证不同的电压水平之间满足绝缘要求,并有足够的爬电距离。同时,这种柔性设计有效隔离了振动时的相互影响,保证在各种应力下光缆不会断裂。每层的晶闸管组件和电抗器组件用铜排连接,中间部分为编织母线,在方便连接的同时增加了连接部分的柔韧性。阀层的典型布局如图 2-2 所示。

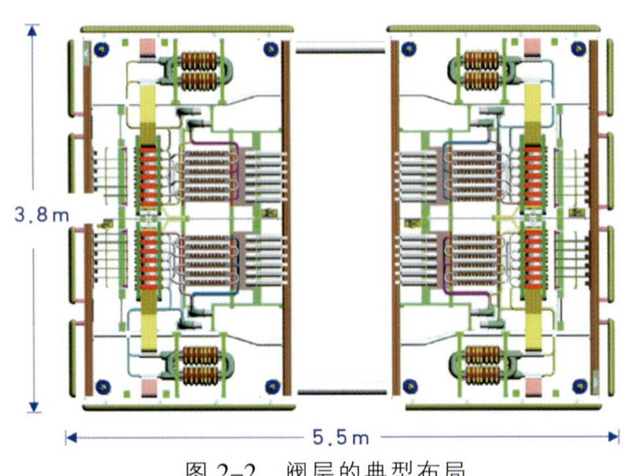

图 2-2　阀层的典型布局

三、阀模块结构

阀组件是换流阀的基本电气单元。在机械结构上,每个单阀都是由一定数量的阀模块构成的。模块内的元件布局是各种复杂因素相互影响、综合考虑的结果,考虑因素包括爬电距离、电气距离、内部干扰、杂散电感/电容、水冷要求、重力分布、安装、检修及试验操作方便等。同时,为保证系统有更高的可靠性,实现长期运行和降低发生火灾的危险,对设备材料的选取也经过了仔细考虑。阀框架由阻燃的 GRP 梁及铝合金框架组成,铝合金框架同时也作为阀模块的电极,这种设计简化了阀的结构,如图 2-3 所示。

(一)框架设计

阀模块是一个独立的阀单元,在电气上可以作为一个完整的单阀来使用,只是在耐受电压上为整个悬吊阀的一部分。根据电压等级的高低,多个阀模块串联组装就可以满足不同直流输电方案的需求。同一列中相邻的阀模块通过合成绝缘子隔离,不同列中相邻的阀模块通过母线相互连接。

图 2-3　阀模块结构

如图 2-4 所示，阀模块框架是由 2 个槽形的 GRP 侧梁、2 个端部铝板组成的矩形框架，外加 1 个中部铝板构成基本的支撑结构。铝板除了具有结构件支撑作用外，还具有多种电气作用，如它是阀模块一次电气回路的连接部分。此外，3 个铝板分别在 2 个阀组件两端产生电容效应，相当于每个阀组件端间并联了 1 个电容，起到了一定的动态均压作用。尤其是对电压等级比较高、单阀串联模块数比较多的阀塔，这会进一步改善动态均压效果。框架的四角用钢制角板连接，其除了有固定阀框架的作用外，还能作为阀吊装时的承力结构。悬吊机构与角板采用柔性连接，最大限度地保持阀模块免受地震产生的机械应力的损坏，同时阻尼机械共振。

图 2-4　阀模块框架

(二)支撑及连接结构

每个阀模块内部由两根采用特殊设计的方管形铝制横弯梁支撑,这是阀内元部件的主要承重结构,同时还增加了框架的强度。阀内其余的支撑件和紧固件(螺杆和螺母等)都由 GRP 材料制成,起着固定和支撑阀模块内的晶闸管组件、电抗器组件、集水管等换流阀元部件的作用。这样一方面满足了机械设计的要求,增加了整个支架的强度和韧性;另一方面也满足了阀模块防火及电气隔离的设计要求。

(三)外屏蔽

模块外屏蔽为铝制材料,用于防止阀模块中因电气元部件中的电位不等、电场分布不均匀而引起的局部放电现象,如图 2-5 所示。

屏蔽罩表面设计光洁平整,无毛刺和突出部分,以防止电场集中引起局部放电。屏蔽罩内侧为槽形绝缘支撑架,内部有光缆和电缆线槽,除了支撑阀模块及保护各种线缆外,还便于装配,并增加了屏蔽罩的刚性。

屏蔽板安装于阀模块的外围,端部铝排外侧有 2 个端屏蔽,通过 GRP 支撑件与铝排连接。门极单元槽形支架外侧固定了 4 块屏蔽板,有效避免了外界电磁干扰的影响。屏蔽板分别固定在阀层的不同电位点上,从而避免了悬浮电位的产生。每层 2 个阀模块无屏蔽的一侧相对布置,这样整个阀层外侧都为屏蔽结构,既可以防止外界的电磁干扰,也能有效屏蔽阀运行中产生的电磁噪声。

图 2-5　外屏蔽板

(四)冷却水管及光缆

阀塔冷却水总管的进水管和回水管分别与每个阀模块内的进水管和出水管相连,进水管位于出水管的外侧。阀层间的冷却水总管使用柔性防振设计，弯曲成圆弧状，同时满足了爬电距离的需求。阀模块采用串/并联冷却方式，以保证每个水冷元件都得到充分的冷却，且温度均匀。冷却水从进水管分多路进入晶闸管元件、阻尼电阻和阳极电抗器，带走热量后汇集到出水管。

光缆在每层分线后沿槽形侧梁内走线，分别与该层每个晶闸管的门极单元的光纤接口连接。图 2-6 所示为换流阀中冷却水管及光缆的现场走线。

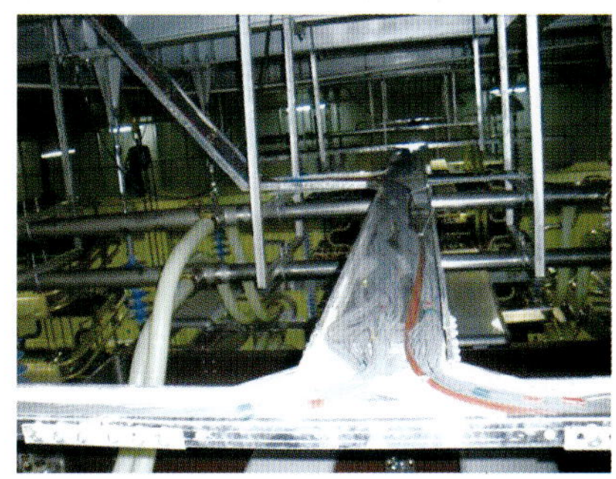

图 2-6　冷却水管及光缆走线

(五)集水装置

晶闸管模块专门设置了集水装置，如图 2-7 所示。集水装置由硅树脂制成，向晶闸管模块的中心倾斜，使泄漏的冷却剂按指定位置流到下一个晶闸管模块，直到流进底部屏蔽罩的集水盘中。由于硅树脂具有良好的防火性能，因此集水装置也能起到防火隔离的作用。

图 2-7　集水装置

四、阀组件结构

阀组件由 GRP 支撑件、晶闸管压装结构(TCA)、电抗器组件、*RC* 阻尼回路、直流均压电阻、组件电容单元、门极单元、导线及冷却水路相互连接组成,其物理结构如图 2-8 所示,电气原理如图 2-9 所示。

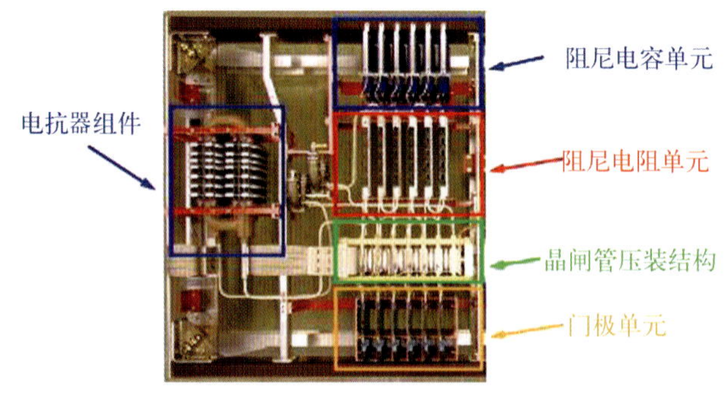

图 2-8　阀组件结构图

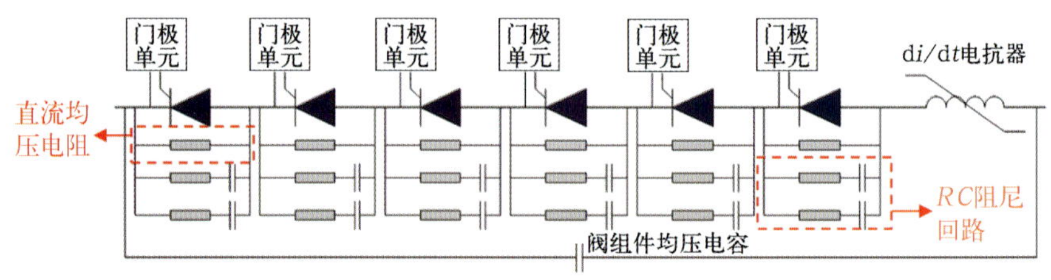

图 2-9　阀组件电气原理图

(一)晶闸管压装结构

晶闸管压装结构主要由晶闸管、散热器、压装结构、母线等部分组成,每个晶闸管压装结构是由 5~6 个晶闸管元件及其散热器通过专用的安装工具压装在一起的,并通过 GRP 加强带固定,如图2-10 所示。压紧力为 130 kN,这样既可以保证良好的电气性能和导热性能,又能有效降低运行时产生的噪声。散热片与晶闸管的接触面使用高导热性材料,虽然为多层结构,但仍能保证良好的散热接触。加强带有足够的绝缘强度来承受阀关断期间的电压应力。下面就晶闸管压装结构的几个主要部件分别进行介绍:

(1)晶闸管:±660 kV 直流换流站换流阀使用的是 127 mm 电触发晶闸管,如图 2-11 所示,额定电流为 3030 A,额定电压为 7.2 kV,芯片直径为 125 mm,由株洲南车时代电气股份有限公司生产。

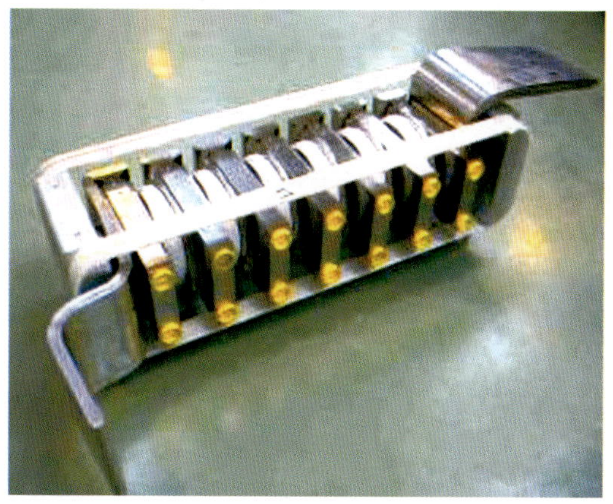

图 2-10　晶闸管压装结构

图 2-11　晶闸管实物图

(2)散热器:由于每个晶闸管元件在运行时均会产生大量的热量,而温度过高会影响晶闸管的性能，因此需要通过散热器来增大散热面积,提高散热能力。散热器由柔性连接件连接,采用玻璃纤维绕制且通过无气泡的 GRP 绷带给晶闸管施加压紧力。同时,在散热器的一端设有阀冷却水的进/出水管接口,便于冷却水时刻对换流阀进行冷却,保证可控硅能够在适当的温度条件下安全运行。同时,散热器也是晶闸管主电路的一部分,其结构如图 2-12 所示。

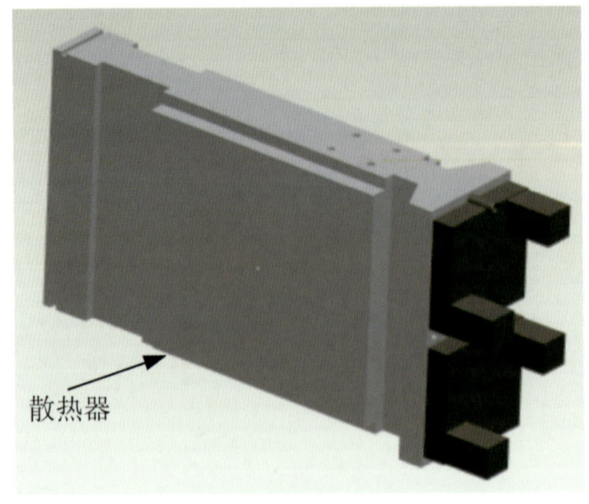

图 2-12　散热器示意图

(3)压装结构:压装结构如图 2-13 所示,其闭口端板处有一个垫圈,垫圈有一定的自由度,即便压装结构的组成部件稍微不平行,也可以给压装结构轴向加压。安装压装结构减小了接触电阻和热阻,既减少了发热,又提高了散热能力。

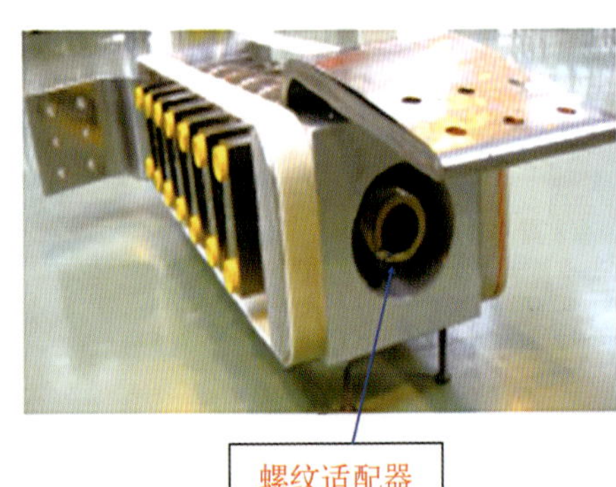

图 2-13　GRP 加强带压装结构

(4)母线:母线的设计增大了导流面积,满足了对电流的要求,同时每个母排都有 6 颗螺丝,保证了晶闸管单元连接的牢固性。

(二)电抗器组件

1.作用

每个晶闸管组件均串联了一个电抗器组件,又名“d*i*/d*t* 电抗器”,其作用主要有：

(1)限制晶闸管刚开通时的 di/dt。在晶闸管开通的最初几个微秒内，电抗器在小电流下有很大的非饱和电感值，限制了晶闸管电流的上升率。在晶闸管安全开通后，电抗器进入饱和状态，电感值很小。

(2)在晶闸管关断过程中限制 di/dt，降低晶闸管关断时的反向恢复电荷，从而也起到抑制反向过冲的作用。

(3)利用足够的阻尼来阻止电流过零时产生振荡涌流，保护晶闸管。

(4)在冲击电压下起辅助均压作用，使晶闸管免受电压损坏。

2.如何降低振动和噪声

电抗器组件也采用标准化模块设计，如图 2-14 所示。电抗器组件由线圈和绕组组成，绕组用水路冷却，两端焊接铝排，线圈外部浇注了环氧树脂，线圈外侧套装了多个环形铁芯。由于电抗器是换流阀的主要噪声来源，因此在结构设计和工艺等方面采用了多种措施来有效降低电抗器的振动和噪声，具体来说有以下几点：

(1)整体结构设计采用线圈在内、铁芯缠绕在线圈外部，再利用钢制夹具紧固的形式，可以从整体上加强线圈和铁芯的紧固程度。

(2)线圈采用铝管绕制、环氧树脂整体浇注工艺，有助于降低线圈的振动和噪声。

(3)线圈外侧套装了多个环形铁芯，通过多个铁芯夹紧结构(即钢制夹具)固定，再利用螺栓施加足够的夹紧力，有效限制了电抗器铁芯的机械振动，降低了机械噪声。这种结构的钢制夹具具有很强的抗疲劳性，使用寿命长，不容易发生夹紧结构的疲劳断裂。

(4)电抗器整体利用 GRP 绝缘杆固定在模块框架上，由于绝缘杆本身具有一定的弹性和韧性，因此电抗器在工作中产生的振动部分可以被绝缘杆吸收，进一步降低了噪声。

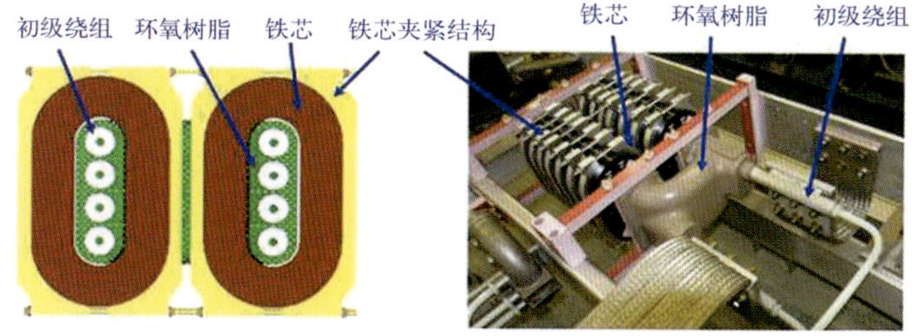

图 2-14　阀饱和电抗器的剖面图(左)及实物图(右)

电抗器的主要发热元件——铁芯的散热通过环氧树脂和管型线圈的导热来实现,最后由流经空心绕组的冷却水带走,确保铁芯在任何情况下都能得到充分的冷却,从而保证在各种运行工况下电抗器铁芯的温度始终不超过 110 ℃。

(三)*RC* 阻尼回路

H400 换流阀采用了 2 个阻尼回路,如图 2-15 所示,其中支路$R_{d2}C_{d2}$为主阻尼回路,支路 $R_{d1}C_{d1}$ 为高频分量阻尼回路。这种双阻尼回路设计增强了阻尼作用的可靠性,使阻尼回路适用于更宽频率范围的电压。其作用如下:

(1)使阀电压在每个晶闸管两端均匀分配。

(2)为门极单元提供工作电源。

(3)限制晶闸管关断时的反向恢复电压过冲。

(4)使阀能够耐受正常和非正常负载条件下的应力。

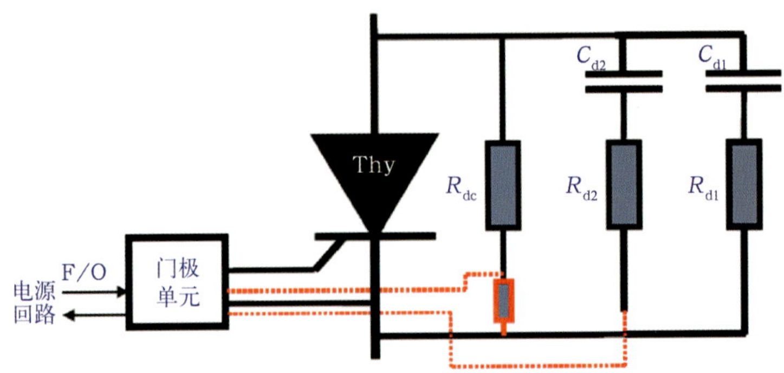

图 2-15　晶闸管级电气原理图

RC 阻尼电路由阻尼电容和阻尼电阻串联而成。阻尼电阻采用间接冷却的方式进行散热。每个晶闸管级的阻尼电阻由多个无感厚膜电阻器通过串/并联组成,即使某个电阻损坏,对阻尼电阻的整体阻值也影响不大,从而提高了可靠性。这些电阻固定在一个较大的铝质水冷散热器上,这种设计大大增加了散热面积,改善了散热效果,同时又可以减小电阻通流时的机械震动,降低噪声,如图 2-16 所示。

图 2-16 板式结构阻尼电阻

阻尼电容采用自愈式金属化聚丙烯材料制成，为干式无油结构，这样可将故障引发火灾的风险降至最低。每个电容都安装在一个独立的金属圆筒中。电容固定在一个独立的支架上，支架与阻尼电阻相邻。每个支架可容纳 3 只阻尼电容，如图 2-17 所示。

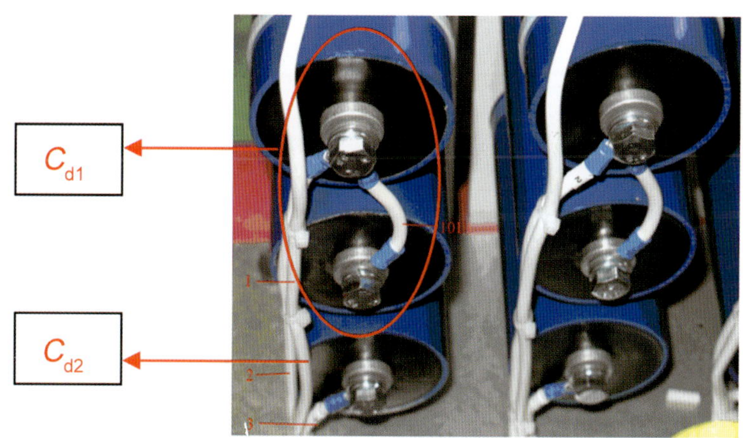

图 2-17 阻尼电容

银东±660 kV 直流输电工程直流换流站换流变压器设计的阀阻尼回路参数如下：

阻尼电阻：R_{d1}=55 Ω，R_{d2}=144 Ω。

阻尼电容：$C_{d1}=C_{d11}+C_{d12}$=1.0 μF，C_{d2}=0.5 μF。

(四)直流均压电阻

直流均压电阻构成了阀模块均压回路的全部。阀带电被闭锁时，晶闸管正向和反向漏电流的微小不对称性会引起电压的不均匀分布，直流均压电阻既可用于限制该不均匀性，还能用作电压分压器的上臂以测量晶闸管电压。测量结果将提供给门极单元以用于控制和保护。直流均压电阻由 2 个 47 kΩ 的厚膜电阻器串联组成。安装时，直接用螺钉将直流均压电阻固定在散热器上，并用铜导线将其串联，从而起到对可控硅的保护作用，如图 2–18 所示。银东±660 kV 直流输电工程直流换流站换流变压器设计的直流均压电阻(R_{dc})为 94 kΩ。

图 2–18　直流均压电阻

(五)组件电容

由于宁东–山东工程电压等级的提高，因此串联的晶闸管数很多，换流阀体的尺寸较大。基于这一原因，由杂散电容分布的分散性造成的换流阀模块及组件上动态电压分布的不均匀度加大，而在陡波前冲击电压的作用下，由于 dv/dt 很高，杂散电容分布的分散性的作用将进一步增强，这种动态电压的不均匀分布会更加明显。为抵消杂散电容对电压分布的不利影响，在阀组件两端并联了组件电容，如图 2–19 所示。银东±660 kV 直流输电工程直流换流站换流变压器设计的阀组件电容(Csec)为 3 nF。

(六)门极单元

每个晶闸管级都有独立的门极电路，即门极单元(GU)，用于晶闸管的控制和保护。每个晶闸管门极单元包括两块：一块是门极电子电路板，实现对晶闸管级的智能控制；另一块是补偿分压板，为门极电子电路板提供晶闸管阳极电压的测量信号，如图 2–19 所示。门极单元放置在GRP

支架中固定。为屏蔽电磁干扰和防止湿气进入,光电接口部分置于一个密封的金属盒中。门极单元从阻尼回路取能。

图 2-19 补偿分压板(左)和门极电子电路板(右)

1.门极电子电路板

门极电路能够在正常时提供触发信号,并在过电压、高 dv/dt 和提前恢复时进行保护性触发。每个晶闸管级的状态都被监视并传送到地电位的阀基电子设备(VBE)柜中,VBE 同时也向门极电路发送启动和停止信号。地电位和门极电路之间的通信通过光纤实现。每个晶闸管级有两根光纤:一根触发光纤用于传送启动和停止脉冲,另一根回报光纤将晶闸管级的状态信息(晶闸管正常、失效以及正常但依赖独立触发回路)反馈给 VBE。门极单元的逻辑功能及接线方式分别如图 2-20 和图 2-21 所示。

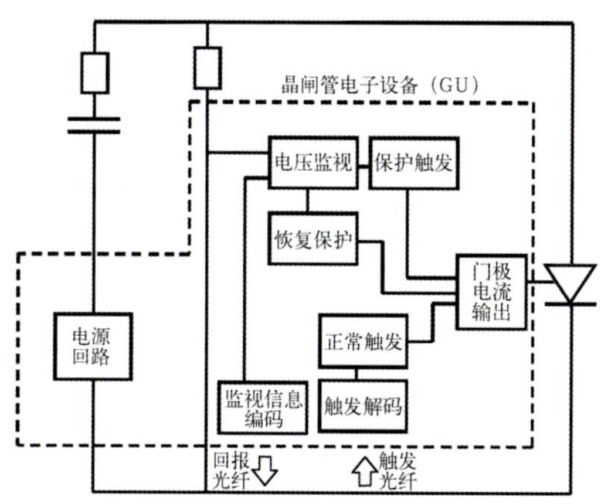

图 2-20 门极单元的逻辑功能

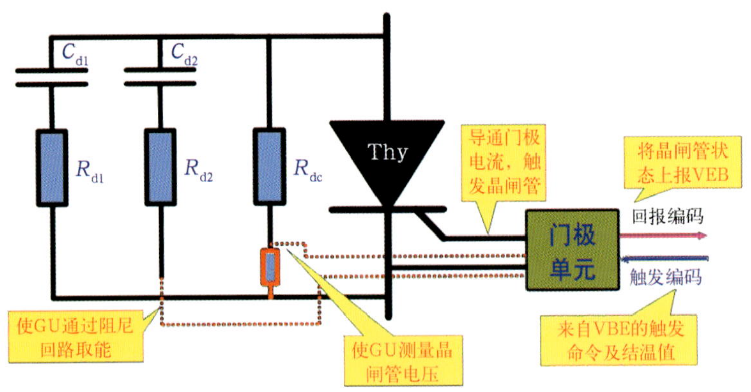

图 2-21　门极单元的接线方式

通过图 2-20 和图 2-21 可以看出,门极单元的工作原理包括以下几点:

(1)取能:门极单元采取“就地取能”的方式获得电源供电。门极单元电源回路通过晶闸管级两路 RC 阻尼回路中的一路(144 Ω/0.5 μF)在晶闸管断态时进行取能,如图 2-21 所示。门极单元电源回路中的储能电容具有很大的容量,即使在阀端没有电压的情况下,仍能够保证其正常工作 2 s 以上。因此,无论换流阀以整流模式还是以逆变模式运行,当交流系统故障引起换流站交流母线电压降低时,所有门极单元中的储能装置仍具有足够的能量来持续向晶闸管元件提供触发脉冲,使换流阀可以安全导通,而不会出现因储能电路需要充电造成恢复延缓的现象。

(2)正常触发:VBE 接收控制保护系统下达的换流阀触发命令和晶闸管结温数据,并将两者分别解码后再组合成触发命令发送给相应换流阀上的各门极单元。门极单元收到触发命令后对命令数据进行解码,并判断是否需要触发所在的晶闸管级。当 VBE 要求某阀导通时,该阀的门极单元将检查对应晶闸管级两端是否承受正向电压且此正向电压值是否大于 100 V。若是,则立即向晶闸管门极发出电流脉冲,触发晶闸管导通。

(3)保护触发:在晶闸管导通后,门极单元仍持续监视晶闸管状态。当同一阀上的其他晶闸管开始导通时,如果有一个晶闸管因某种原因未被正常触发,那么该晶闸管两端的电压将会上升。此时,门极单元将再次触发晶闸管,以此确保换流阀在电流断续的情况下仍能安全运行,避免换流阀在过电压情况下受到损坏。

(4)恢复触发:当晶闸管关断后,晶闸管极易受电压暂态变化的影响而引起损坏,所以特设计了恢复触发电路。在设定的恢复期保护时间内,如果晶闸管上的电压高于恢复期保护水平或采集到 d*v*/d*t* 大于 50 V/μs 的设定值时,该电路就自动产生一个触发脉冲,使这一晶闸管导通,以达到保护晶闸管的目的。

2.补偿分压板

补偿分压板的主要功能是为门极单元测量阳极电压平均值。补偿分压器由阻容网络组成,配合直流均压电阻实现分压功能。容性元件用于减小在直流均压电阻和散热器之间的杂散电容的影响,并提供宽频输出信号。此外,阻容元件还可以吸收高脉冲,防止晶闸管误触发。该元件还用于将门极电流从门极单元送出,以及将门极充电电流送至门极单元。

补偿分压板是与每个晶闸管门极单元插槽并列的两个板中较大的板,与晶闸管最近。门极单元与补偿分压板通过一个连接头连接,且直接插入门极单元插槽中,如图 2-22 所示。

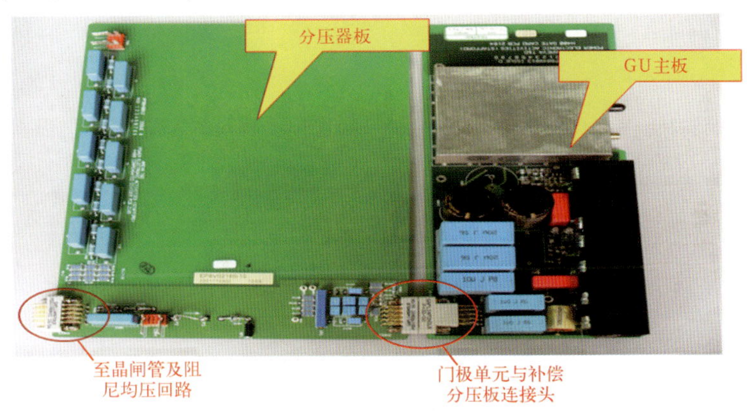

图 2-22 补偿分压板和门极电路板的连接情况

3.晶闸管级保护

每个晶闸管级配备的 GU 都能够为本晶闸管级提供恢复保护、d*v*/d*t* 保护和过电压(VBO)保护,具体功能如下:

(1)正向恢复保护:在晶闸管关断后的恢复期内,晶闸管承受正向电压的能力有限。此时,即使承受较低的正向电压,晶闸管也可能会因强制击穿而损坏。为此,GU 提供了恢复保护功能,即如果从晶闸管阻断到承受正向电压的时间间隔低于阈值,GU 将触发晶闸管,使之再次正常导通,从而避免晶闸管被破坏性击穿。GU 的正向恢复保护动作时间阈值随晶闸管的结温变化而变化。

(2)dv/dt保护:换流站内故障可能导致换流阀两端出现很陡的正向暂态 dv/dt 波形，此时也可能引起晶闸管被强制击穿而损坏。为此,GU提供了 dv/dt 保护功能，即当晶闸管两端的 dv/dt 超过阈值时,GU 将触发晶闸管,使之正常导通,以避免晶闸管被破坏性击穿。GU 的 dv/dt 保护动作阈值随晶闸管的结温变化而变化。

(3)VBO 保护:晶闸管关断后,即使晶闸管的阻断能力已完全恢复,其耐受电压的能力仍然有限。若晶闸管承受的正向电压过大,同样会使晶闸管因强制击穿导通而损坏。过电压保护就是在晶闸管两端的正向电压超过 VBO 保护的动作阈值时触发晶闸管,使之正常导通,从而避免晶闸管被破坏性击穿。GU 的 VBO 保护动作阈值随晶闸管的结温变化而变化。

(七)冷却水回路

阀模块中的冷却水回路主要用于吸收可控硅及阻尼电阻损耗产生的热量,保证可控硅结温在允许范围内,使可控硅承受正向和反向阻断电压的能力不下降。其特点为:

(1)每个阀模块中包含 2 个完全相同的阀段,每个阀段都具有独立的冷却回路。

(2)阀段的冷却回路由 3 个彼此独立的冷却支路并联组成,各冷却支路的连接采用串联方式,如图 2−23 所示。

(3)晶闸管散热器、阻尼电阻散热器和饱和电抗器之间通过较小口径的 PEX 软管连接。

(4)冷却水管路采用 PEX 材料制成,PEX 软管的接头上配有 O 形密封圈,水管接头与散热器采用螺纹连接。

(5)由于冷却水路要流过不同位置的、有不同电位的金属件,不同电位的金属件之间的水路有可能产生电流,因此,这些金属件将可能受到电解腐蚀。为防止铝制散热器的电解腐蚀,在每个散热器的进出口安装了不锈钢 316 电极,这样可以避免电流流入铝散热器的表面造成腐蚀。

(6)水循环管路内的冷却液为去离子水和乙二醇的混合液,其中乙二醇的体积百分比约为 34%，这一比例可有效防止冷却系统在温度较低的外部环境下发生结冻现象。

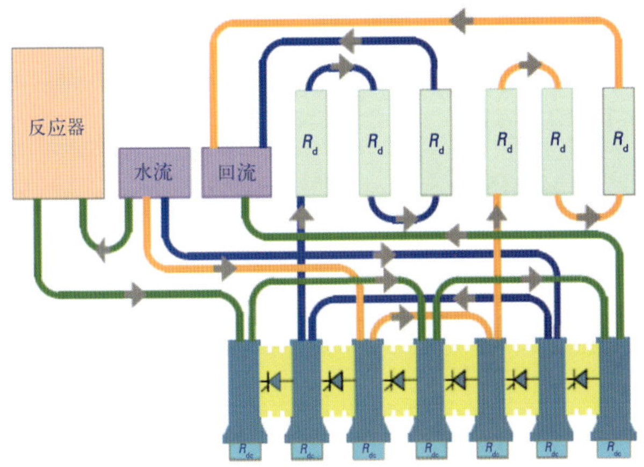

图 2-23 阀组件内冷却水回路

此外，在阀塔的屏蔽罩内都安装了 2 个互相连接的滴水盘，用以收集阀塔内任何泄漏的冷却液。收集到的冷却液流入带有集水桶的检漏计中，当阀塔内冷却液的泄漏量达到预先设定的体积(约 100 mL)时，集水桶会将冷却液通过集水器清空至水池，并自动倾斜，从而遮挡住光纤的回检信号。光纤的回检信号被遮断，冗余信号发送至 VBE 屏柜，继而 VBE 会发出一个冷却液泄漏报警信号，并且集水桶会自动复位。当集水桶内的冷却液清空后 3 min 内再次被清空或泄漏率大到使集水桶无法复位达 3 s 以上时，系统会向运行人员工作站发出“大量冷却液泄漏”的报警信号。

第二节 阀基电子设备的结构及功能

一、概述

阀基电子设备(VBE)为控制保护系统与换流阀门极单元之间提供双通道的联系接口，其主要功能是配合控制保护系统控制并监视、保护换流阀。

二、VBE 的结构说明

银东±660 kV 直流输电工程直流换流站的 VBE 屏柜共有 6 个，在这 6 个 VBE 柜中，每极所对应的 12 个脉冲换流单元由 3 个 VBE 柜来触发和监视。VBE 柜内部采用模块化设计，主要由电源机箱、光控制机箱和各种设备接口组成，每极所对应的 VBE 柜组如图 2-24 所示。下面就 VBE 柜内的各部分设备分别进行介绍。

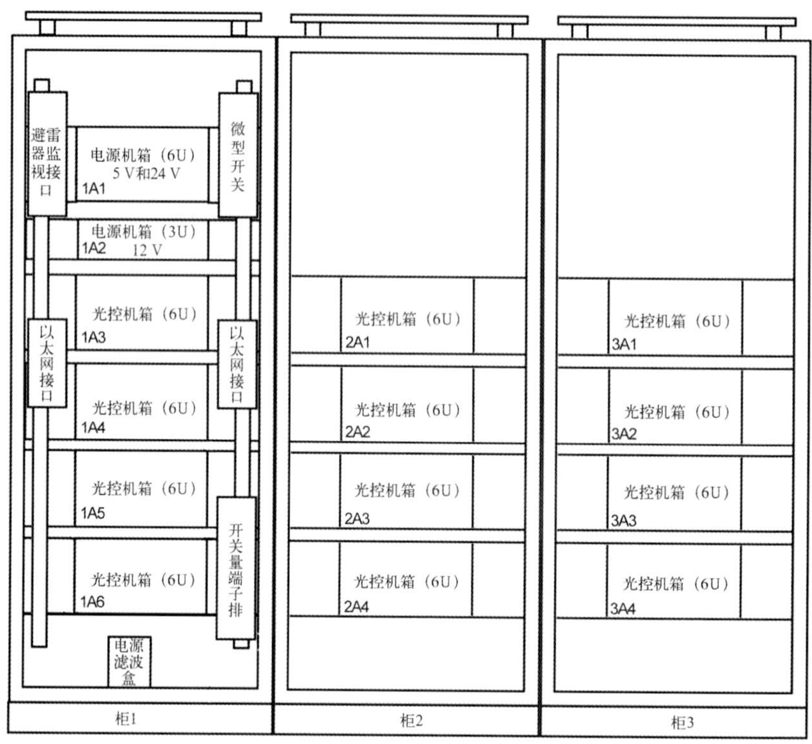

图 2-24　每极所对应的 VBE 柜组

1. 电源机箱

VBE 内部的电子器件工作时需要的直流电由一个 3U 机箱和一个 6U 机箱共同提供。其中，3U 机箱提供 12 V 电源，6U 机箱提供 5 V 和 24 V 电源，电源机箱均安装于 VBE 柜的上部，如图 2-25 所示。

图 2-25　电源机箱

VBE 柜内的电源采用双冗余结构，充分保证了供电的可靠性。柜内电源布置如图 2-26 所示。

由图 2-26 可知，每个光控制机箱都由 2 套彼此独立的直流电源供电，每套电源包括 24 V、5 V 和 12 V 三个电压等级。

2.光控制机箱

光控制机箱是 VBE 的核心元件，每极对应的 VBE 柜组内共安装了 12 个光控制机箱，机箱的布局如图 2-27 所示。

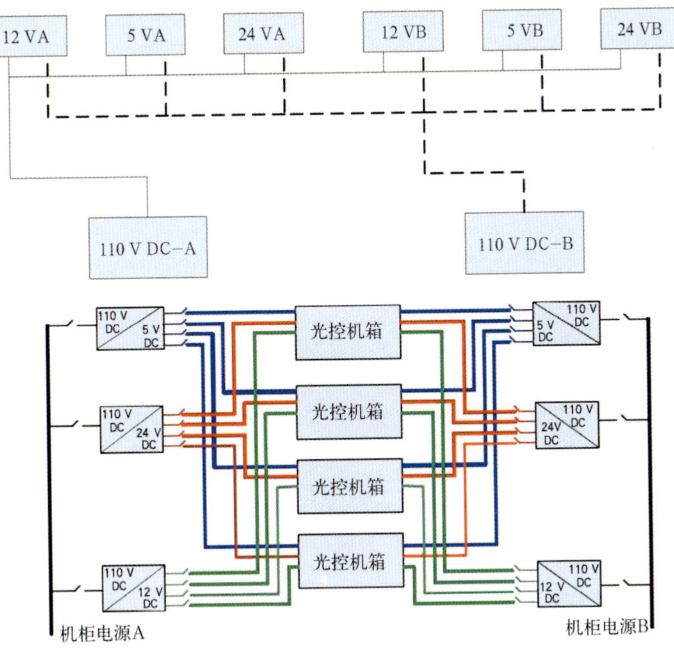

图 2-26　VBE 柜内电源布置

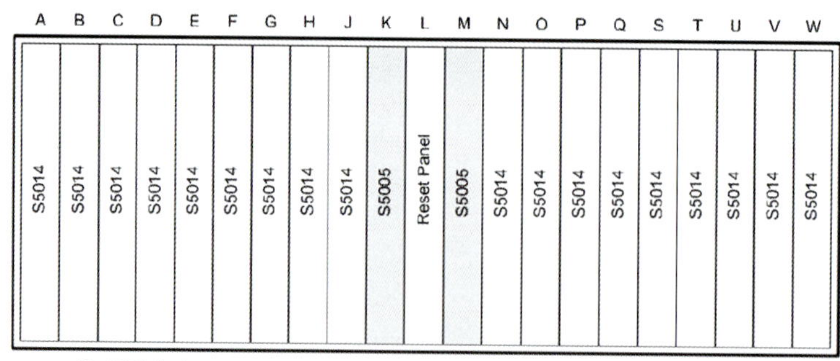

图 2-27　光控制机箱的布局

如图 2-27 所示，每个光控制机箱内包含了 2 块 S5005 板（编/解码单元），S5014 板（光收发单元）的数量由晶闸管级数决定。每个光控制机箱最多可安装 18 块光收发单元板，银东±660 kV 直流输电工程直流换流站的每个光控机箱配置了 14 块 S5014 板，S5014 板之间用 S5006 背板连接。另外，每个 VBE 柜中配置了 1 块复位单元板，负责在异常情况下为 VBE 提供复位信号。

（1）S5006 背板：S5006 背板上包含了光控机箱中 S5005 板和 S5014 板之间的所有电气连接，同时这些备板上还包含了用于给 S5005 板和 S5014 板供电的 5 V、12 V 和 24 V 电源的连接结点。S5006 背板上的 PL1 用于控制信号、跳闸信号及告警信号的传输，PL3 用于复位 VBE，PL2 上的 20 条带状连接用于本机箱与其他机箱的数字量信号连接，如图 2-28 所示。

图 2-28　S5006 背板

(2)S5005 编/解码板:S5005 编/解码板实现 VBE 对换流阀的所有控制保护功能。S5005 通过对应光纤通道接收来自极控系统的触发字和热字。每个光控机箱内的两块 S5005 板分别对应极控系统 1、2,如图 2-29 所示,左侧 S5005 板与极控系统 1 连接,右侧 S5005 板与极控系统 2 连接。正常状态下,两块 S5005 板同时接收来自控制系统的触发字和热字,以及来自换流阀门极单元的回传数据,由极控系统通过硬接点实现主系统的选择。这两块 S5005 板构成换流阀的触发、保护冗余系统。另外,S5005 板还通过其前面板上的 RS232 通信口实现与极控系统的通信连接。

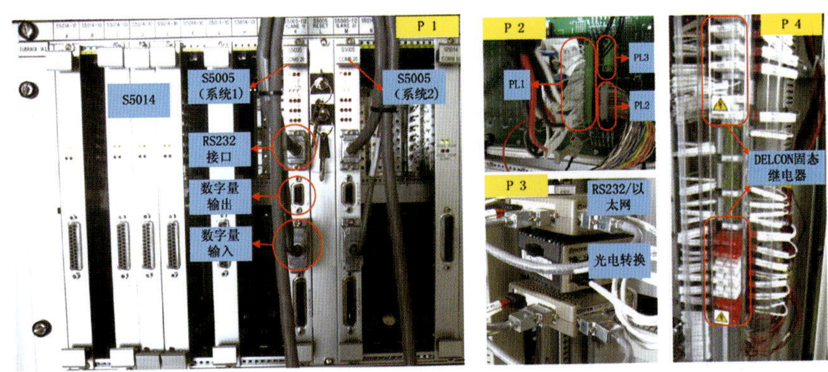

图 2-29　S5005 编/解码板

同时,S5005 板也是阀漏水检测系统的一部分。阀漏水检测系统是一个安装于换流阀底部并能够自动倾倒和返回的容器。S5005 通过光纤向监视器发出光脉冲信号,若冷却系统无泄漏,则监视器中的光通道畅通,S5005 板上的光接收装置将能够收到由监视器返回的光脉冲信号;若冷却系统发生泄漏,泄漏的冷却液将使倒桶倾覆,阻断容器中的光通道。S5005 通过阻断程度判断泄漏的严重与否。冷却系统的监视原理如图 2-30 所示。

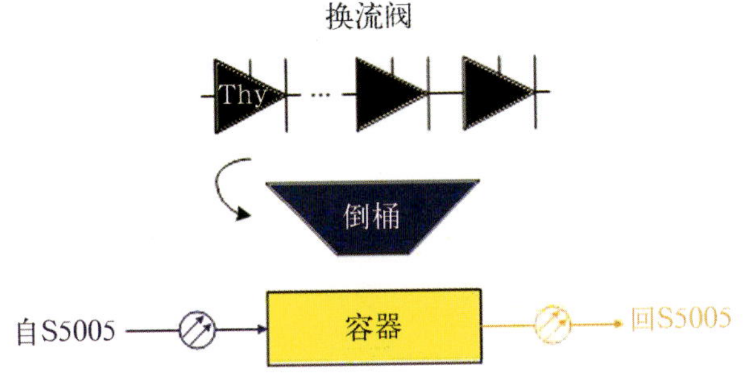

图 2-30　冷却系统的监视原理

(3)S5014 光收发板:S5014 板有 8 路光信号收发通道。这些收发通道将从 S5005 板传来的电信号转换为光信号，并传给阀体上的门极单元。S5014 板也接收来自门极单元的回传数据,并转换为电信号后传给 S5005 板。S5014 板不分系统,为光控机箱公用部分。

3.VBE 设备接口

VBE 柜中的设备接口主要为以太网接口,用来将 RS232 电信号转换为光纤局域网(LAN)光信号。由光控制机箱发出的监视信息数据采用电信号,并依照 RS232 串行通信规则进行传送。为提高信息传输的可靠性和安全性,VBE 与控制保护系统及人机接口单元之间采用 LAN 传送信息。因此,需要用以太网接口来将监视信息由 RS232 电信号转换为 LAN 光信号。考虑到 VBE 具有双冗余结构,故监视信息的上报采用双路独立的 LAN 通道。因此,VBE 柜配置 2 个以太网接口,如图 2-31 所示。

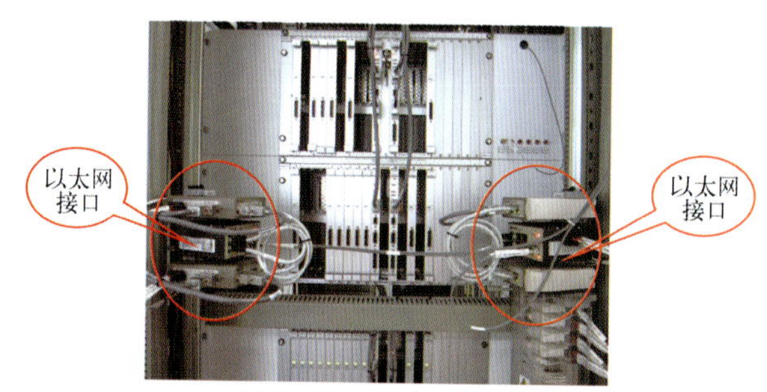

图 2-31 以太网接口图

VBE 柜中的以太网接口包括 4 个 RS232/以太网转换装置 (即串行适配器)和 2 个光电转换模块(即工业以太网交换机),如图 2-32 所示。

图 2-32 RS232/以太网转换装置和光电转换模块

其中，每个 RS232/以太网转换装置上有 2 个 RS232 接口和 1 个 LAN 接口，RS232 接口分别与 VBE 柜中的 8 块 S5005 板相连，负责将 RS232 电信号转换为以太网信号。以太网信号经过以太网交换机后转换为光信号，通过光纤传送给极控系统（如阀 OK 信号）和辅助系统工作站（如阀报警信息）。

三、VBE 的功能说明

VBE 位于地电位，通常放置在主控制室或阀厅内部。该设备是控制保护系统与换流阀的接口，主要功能包括：

(1)接收来自控制保护系统的触发命令和晶闸管结温值，并将这些信息组合在一起发送给换流阀上的门极单元(GU)。

(2)接收 GU 上报的监视信息。

(3)监视冷却系统的泄漏情况。

(4)监视 VBE 与控制保护系统的通信情况。

(5)监视自身状态，若出现异常，则向控制保护系统的切换单元申请通道切换或闭锁跳闸。

(6)为换流阀提供各种快速保护措施，如补脉冲、再次触发、跳闸申请等。

(7)通过 LAN 向控制保护系统上报各种监视信息。

(一)VBE 屏柜对外联络信息

VBE 屏柜的对外联络情况如图 2−33 所示，图中红色的为光纤回路，蓝色的为电气回路。下面就 VBE 系统各部分的功能分别进行阐述：

(1)触发字：极控系统通过光纤向 VBE 屏柜内的 S5005 板发送触发字，不同光控机箱的 S5005 板通过光纤传递触发字信息，S5005 板对接收到的触发字和热字进行解码，实现对换流阀的触发。

触发命令采用串行归零码传送，若某位出现脉冲且宽度达到位宽度的 50%，则表示逻辑“1”；若未出现脉冲，则表示逻辑“0”。其时序如图 2−34 所示。

在图 2−34 中，脉冲宽度(T_d)为 0.5 μs±0.0025%，位宽度(T_b)为 1 μs±0.0025%，相邻触发命令之间的间隔(T_{int})为 2 μs(最小)/ 20 ms(最大)。

在一帧触发命令中，位 0 为起始位，位 1~12 表示阀 1~12 是否需要触发导通（“1”表示触发，“0”表示不触发），位 13 为奇偶校验位，位 14、位 15 为结束标志位，保持为“0”。表 2-3 为触发字编码表。

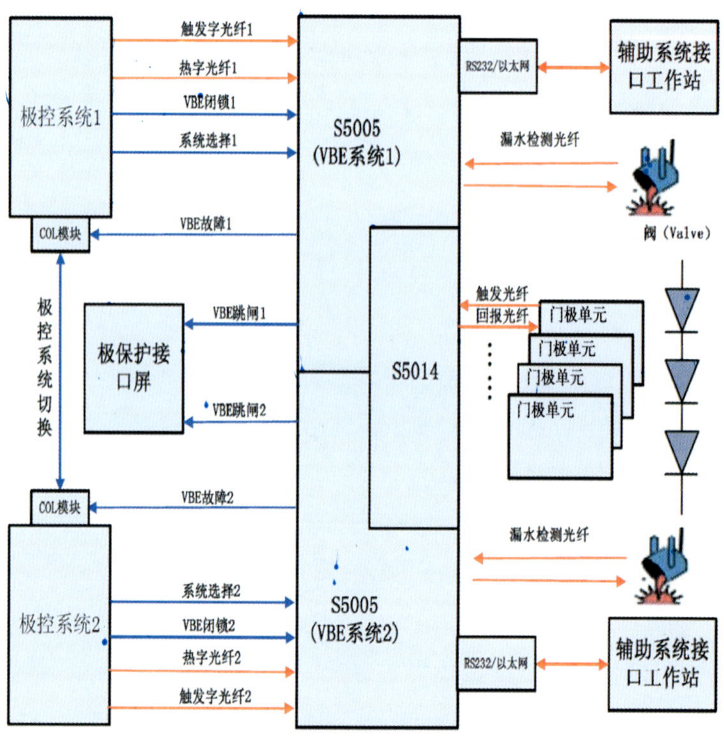

图 2-33 VBE 的对外联络信息

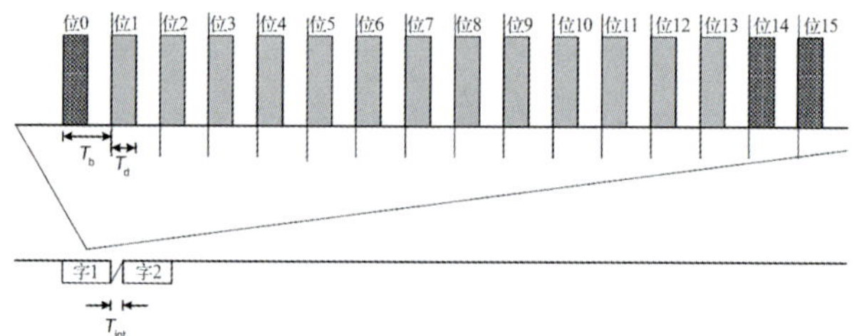

图 2-34 触发命令时序

表 2–3　触发字编码表

编号	触发字	阀编号	导通阀
1	1000000001111000	9,10,11,12	Y5,D6,Y6,D1
2	1100000000111000	1,10,11,12	Y1,D6,Y6,D1
3	1110000000011000	1,2,11,12	Y1,D2,Y6,D1
4	1111000000001000	1,2,3,12	Y1,D2,Y2,D1
5	1111100000000000	1,2,3,4	Y1,D2,Y3,D3
6	1011110000000000	2,3,4,5	D2,Y2,D3,Y3
7	1001111000000000	3,4,5,6	Y2,D3,Y3,D4
8	1000111100000000	4,5,6,7	D3,Y3,D4,Y4
9	1000011110000000	5,6,7,8	Y3,D4,Y4,D5
10	1000001111000000	6,7,8,9	D4,Y4,D5,Y5
11	1000000111100000	7,8,9,10	Y4,D5,Y5,D6
12	1000000011110000	8,9,10,11	D5,Y5,D6,Y6
13	1000000001111000	9,10,11,12	Y5,D6,Y6,D1
14	1100000000111000	1,10,11,12	Y1,D6,Y6,D1
15	1110000000011000	1,2,11,12	Y1,D2,Y6,D1
16	1111000000001000	1,2,3,12	Y1,D2,Y2,D1
17	1111100000000000	1,2,3,4	Y1,D2,Y3,D3
18	1011110000000000	2,3,4,5	D2,Y2,D3,Y3
19	1001111000000000	3,4,5,6	Y2,D3,Y3,D4
20	1000111100000000	4,5,6,7	D3,Y3,D4,Y4
21	1000011110000000	5,6,7,8	Y3,D4,Y4,D5
22	1000001111000000	6,7,8,9	D4,Y4,D5,Y5
23	1000000111100000	7,8,9,10	Y4,D5,Y5,D6
24	1000000011110000	8,9,10,11	D5,Y5,D6,Y6
25	1000000001111000	9,10,11,12	Y5,D6,Y6,D1

(2)热字:极控系统通过对交流电流和直流电流进行比较,判断在换相失败及阀短路情况下的5种特殊工况,向VBE发送5种不同的热字符号(即晶闸管结温信息),VBE根据热字符号,调节不同工况下VBE自有的相关保护的动态阈值,以便更好地实现对换流阀的保护。热字信息是极控系统通过光纤发送到VBE屏柜的S5005板卡上的,不同光控机箱的S5005板通过不同的光纤传递热字信息。

(3)VBE闭锁信号:当极控系统需要闭锁换流阀时,可通过VBE柜中的硬接点信息通知VBE封脉冲闭锁换流阀。继电器硬接点如图2-35所示。

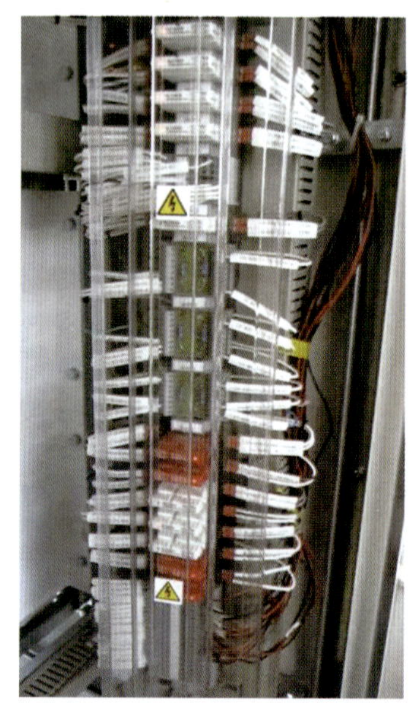

图2-35 VBE柜中的继电器硬接点

(4)VBE故障信号:VBE通过对极控系统发送的触发字和热字的格式进行校验,判断本通道是否存在故障,并通过硬接点送至COL模块(极控系统逻辑切换模块),由COL模块实现对极控系统的切换。

(5)系统选择信号:当VBE发生故障时,COL模块对极控系统进行切换,极控系统切换完成后,主系统通过硬接点实现选择其对应的S5005板作为主用。

(6)VBE跳闸信号:当VBE本身固有保护动作,需要闭锁直流的情况下,VBE通过硬接点信号送至直流保护接口屏,紧急闭锁直流。

(7)光控机箱内的光收发板 S5014 通过收发回路光纤与对应的晶闸管门极单元相连,将触发信息发送给门极电路,同时接收门极电路的回报信息,并转换成电信号传给 S5005 板进行处理。

(8)S5005 板通过 RS232/以太网转换装置进行光电转换,并与辅助系统工作站连接,用于将 VBE 产生的相关事件记录上传至运行人员工作站,运行人员工作站远方复归 VBE 故障命令的传输,并将“阀准备好”信号上传至极控系统。

(9)S5005 板完成所有核心的数据处理工作,同时监视冷却系统的泄漏,具体功能描述见本书第二章第二节中“光控制机箱”部分内容。

(二) VBE 的监视和保护功能

根据阀的不同状况,VBE 会将阀的监视信息分为“报警”和“故障”两个等级。“报警”代表暂时的非正常状态或不影响继续运行的设备故障,此时不需要采取保护动作,但应确定报警的原因,在合适的时候对换流阀进行维护;“故障”代表长期的非正常操作状态或可能危害换流阀安全的元件故障,将引起保护动作的自动跳闸,在设备修复完成前,换流阀不能重新投入运行。

VBE 为换流阀提供了完备的保护措施,能够保证晶闸管在各种运行工况下,特别是在电流过零后的恢复期内不被损坏。

1. 阀级保护功能

VBE 根据控制保护系统提供的晶闸管结温、GU 返回的监视信息以及冷却系统泄漏监视器返回的监视信息,对各个换流阀采取完善的保护措施,具体来说有以下几点:

(1)重触发:当单个换流阀内保护触发的晶闸管级数超过冗余级数时,其他晶闸管级将承受危险的过电压。此时,VBE 将重触发整个换流阀。

(2)阀冗余丢失:当单阀内损坏的晶闸管级数或 GU 储能异常的个数等于冗余级数时,VBE 将发出报警信息。

(3)阀冗余越限:当单阀内损坏的晶闸管级数或 GU 储能异常的个数超过冗余级数时,VBE 将闭锁对应的直流极, 并向控制保护系统发出跳闸请求。

(4)VBO 动作越限:在单次触发过程中,若单阀内发生 VBO 保护触发的晶闸管级数达到某阈值,VBE 将发出报警信息。

(5) VBO 连续动作越限:当单阀内发生 VBO 保护触发的晶闸管级数超过某阈值且这种现象长时间持续出现时,VBE 将闭锁对应的直流极并向控制保护系统发出跳闸请求。

(6)冷却系统轻微泄漏:当冷却系统泄漏监视器返回的光信号表明冷却系统已发生轻微泄漏时,VBE 将发出轻微泄漏报警信息。

(7)冷却系统严重泄漏:当冷却系统泄漏监视器返回的光信号表明冷却系统已发生严重泄漏时,VBE 将发出严重泄漏报警信息(3 min 之内集水桶第二次清空或保持集水桶倾斜状态达 3 s 以上)。

2. 阀控制设备保护功能

为确保系统通信畅通,VBE 将实时检查与控制保护系统、GU 之间的通信状况,以及自身的工作状况。若发现异常,VBE 将采取相应的保护措施,以保证换流阀的安全,包括:

(1)电源自检:若 VBE 双冗余供电电源中的一路出现异常时,VBE 仍能够保持正常工作,但将发出报警信息;若 VBE 双电源均已不能维持 VBE 正常工作,则 VBE 将闭锁换流阀并发出跳闸请求。

(2)印制电路板(PCB)互锁:若 VBE 的功能单元(即各 PCB)没能放在正确位置,则 VBE 将闭锁换流阀并发出跳闸请求。

(3)光收发板故障:若 VBE 中某个光收发板严重故障,则 VBE 将闭锁换流阀并发出跳闸请求。

(4)光收发板丢失:若 VBE 中某个光收发板丢失,则 VBE 将闭锁换流阀并发出跳闸请求。

(5)通道故障:VBE 对双数据处理通道进行实时监视,包括 VBE 与控制保护系统的通信、VBE 与 GU 的通信、本通道内各电子元件的状态等,若发现故障,则向控制保护系统内的切换单元发出“切换请求”,请求切换单元切换另一通道作为控制 GU 的主通道。

(6)通道选择无效:正常情况下,VBE 收到的切换单元对数据处理通道的选择结果是互斥的,即只能选择双通道中的一个来控制 GU。若通道选择信号选择双通道同时控制 GU 或未选择任何通道,而且这样的状态持续时间超过 5 ms,则 VBE 的双通道将同时发出切换请求,从而使控制保护系统闭锁换流阀并发出跳闸命令。

(7)未预期的数据返回:若被屏蔽(不需要返回数据)的晶闸管级返回监视信息,则 VBE 将闭锁换流阀并发出跳闸请求。

第三章　换流阀水冷系统

第一节　阀内冷系统

一、概述

可控硅换流阀是换流站的核心元件，换流站可控硅的额定电流很高,正常运行时,大电流会产生高热量,导致可控硅温度急剧上升。如果不对可控硅进行有效冷却,可控硅将被烧坏。阀冷却系统是一个密闭的循环系统,通过冷却介质的流动带走可控硅阀消耗功率所产生的热量。

阀冷却系统由两大部分组成:一个是内冷却系统,另一个是外冷却系统。内冷却系统通常为水冷系统,采用的冷却介质为纯水或纯水与乙二醇的混合物;外冷却系统有水冷式和风冷式两种。银东±660 kV 直流输电工程直流换流站内冷却系统采用的冷却介质为水与乙二醇的混合物,外冷却系统为水冷式。

二、换流阀冷却系统的结构及组成

恒定压力和流速的冷却水源源不断地流经阀外冷却设备进行热交换,散热后再进入换流阀带走热量,温升水回到高压循环泵的进口。当环境温度较低和换流阀体低/零负荷运行时,为防止换流阀结露,应用电加热器对冷却水温度进行强制补偿。

为适应大功率电气电子设备在高电压条件下的使用要求,防止在高电压环境下产生漏电流,冷却介质必须具备极低的电导率。因此在主循环冷却回路上并联了去离子水处理回路,预设定流量的一部分冷却介质流经离子交换器,不断净化管路中可能析出的离子,然后通过膨胀罐,与主循环回路中的冷却介质在高压循环泵前合流。与离子交换器连接的补液装置和与膨胀罐连接的氮气恒压系统保持系统管路中冷却介质的充盈及与空气隔绝。

主循环冷却介质在主循环泵的动力作用下，通过阀外冷却设备，流经换流阀带走热量，然后直接回流到主循环泵入口。换流阀通过主循环冷却回路带走、散发热量，实现连续冷却的功能。

(1)主循环泵(P01/P02)：主循环泵提供密闭循环流体所需的动力，为卧式结构的高速离心叶片泵。泵体采用机械密封，接液材质为 AISI 316 不锈钢，一用一备，每台为 100%容量，设过流和过热保护(电机设温度变送器输出信号)。泵进/出口设波纹补偿器减振。如果运行泵故障或不能提供额定压力及流量，则马上切换至备用泵，并发出报警信号。同时，运行泵连续运行一段时间后将自动切换，切换时系统流量和压力保持稳定。

(2)主循环回路机械过滤器(Z01/Z02)：循环冷却水在快速流动中可能冲刷脱落的刚性颗粒，为防止刚性颗粒进入阀体，在阀外冷却设备出口至阀体进口管路设置有精度为 100 μm 的机械过滤器，采用网孔标准，不锈钢烧结网滤芯。过滤器设一用一备，设压差表(dPI01 和 dPI02)提示滤芯积垢程度，提醒操作人员清洗。清洗方式为手动清洗。

(3)电加热器(H01/H02/H03/H04)：电加热器置于主循环冷却水回路脱气罐内，用于冬天温度极低及阀体停运时的冷却水温度调节，旨在避免冷却水温度过低。电加热器运行时，即使此时阀体主机已经退出运行，阀冷却系统也不能停运，必须保持管路内冷却水的流动。电加热器共有 4 台，分 2 组(一组为 H01、H02，另一组为 H03、H04)按顺序启动，设故障报警。

(4)电动三通阀(K001/K002)：电动三通阀置于主循环冷却水回路阀外冷却设备进水侧，可调节流经阀外冷设备的冷却水流量与不流经阀外冷却设备的冷却水流量的比例，用于冬天温度低及阀体低负荷运行时的冷却水温度调节，避免冷却水温度过低。电动三通阀采用 2 台蝶阀，通过杠杆原理组合而成，设置为一用一备。选用 unic-60 系列的电动执行器 2 件，符合欧联 CE 标准，限位可调。动作范围为 0°~90°，带开关量输出。

(5)电动蝶阀(V006/V007)：设置在电动三通阀进水前，共 2 台，用于电动三通阀发生故障时的选择切换。

(6)脱气罐(C31):脱气罐置于主循环冷却水回路主循环泵进口,罐顶设自动排气阀,可彻底排出冷却水中的气体。

水处理去离子回路是并联于主循环回路的支路,主要由混床离子交换器及相关附件组成,旨在对主循环回路中的部分介质进行纯化。通过对冷却水中离子的不断清除,可达到长期维持极低电导率的目的。离子交换树脂采用进口核级非再生树脂,吸附容量大,流速高,专用于微量离子的去除。去离子水流量在系统正常运行时为设定值。当电导率变送器检测到高值时,会发出报警信号,提示更换离子交换树脂。离子交换器设为一用一备,当其中一台的树脂失效时,需要手动切换至另一台运行,同时更换失效树脂。更换时不影响系统运行。去离子流量开关(FIS11)负责监视回路流量,去离子电导率变送器(QIT11)负责监视树脂是否失效。

(1)离子交换器(C01/C02):设两台,一用一备,选用进口非再生树脂作为原料进行特殊配比。

(2)精密过滤器(Z11/Z12):离子交换器出口设置精密过滤器,以拦截可能破碎流出的树脂颗粒。采用可更换滤芯方式,精度不超过 10 μm,共两套,一用一备。

(3)去离子回路管路:选用尺寸为 DN50、材质为 AISI 316L 的不锈钢管。

在水处理回路上串联有氮气稳压系统,由膨胀罐、氮气瓶和补水系统等组成。膨胀罐的顶部充有压力稳定的高纯氮气,当冷却介质因少量外渗或电解而损失时,氮气自动扩张,把冷却介质压入循环管路系统,以保持管路的压力恒定和冷却介质的充盈。膨胀罐可缓冲冷却水因温度变化而产生的容量变化。氮气密封使冷却介质与空气隔绝,对管路中冷却介质的电导率及溶解氧等指标的稳定起着重要的作用。

膨胀罐液位变送器可显示膨胀罐中的液位,当液位到达低点时发出报警信号,提示操作人员启动补水泵;当液位到达超低点时发出跳闸报警信号,提示操作人员检修系统。

膨胀罐的液位变送器(LT11、LT12)采用线性连续信号,如果下降速率超过整定值,则系统判断管路可能有泄漏。

(1)膨胀罐(C11/C12):膨胀罐配置有磁翻板式液位计和电容式液位变送器,装在膨胀罐外侧,可显示膨胀罐中的液位及发出低液位报警。罐体共有两台,其中一台底部设有曝气装置,以增加氮气溶解度,这样脱气时能更有效地带走氧气。

(2)氮气系统:氮气系统主要由减压阀、补气电磁阀、排气电磁阀、安全阀、氮气瓶及监控仪表等组成,由可编程逻辑控制器(PLC)实现气源的自动减压和补充,采用不锈钢高压软管连接。氮气瓶容量为 40 L,共有 4 台。氮气补气回路设置为双路,其中一路有故障时可切换至另一路运行。

(3)原水罐(C21):原水罐设有自动开关的电磁阀,在补水泵和原水泵启动时自动打开。原水罐还设有高液位和低液位开关,可视液位计情况而进行设置。

(4)补水泵(P11/P12)及原水泵(P21):原水泵共 1 台,手动运行;补水泵共 2 台,自动运行,互为备用。原水泵出水设置 Y 形过滤器,并在过滤器前后设置压力表。

所有的不锈钢设备和管道焊接均采用氩弧焊工艺,并经过严格的试压、酸洗、清洗。现场管道采用厂内预制、现场装配的形式,以确保质量、安全和施工速度。

银东±660 kV 直流输电工程直流换流站系统由于在高电压条件下工作,为避免冷却介质中存在杂质离子,导致各元件之间形成漏电流,故要求冷却介质为超纯水。为保持介质的高纯性,循环管路均采用 304L 以上型号材质的不锈钢管。

管道系统的最高位置设有特殊设计的自动排气阀,能自动、有效地进行水气分离和排气,保证最少的液体泄漏。为方便检修、维护及保养,阀冷却系统管道的最低位置设置了泄空阀,并保留有足够的检修空间。与阀体管道对接处采用金属软管连接,每个阀塔进出水的管道单独设置流量调节阀。

阀模块的水冷布置如图 3-1 所示。

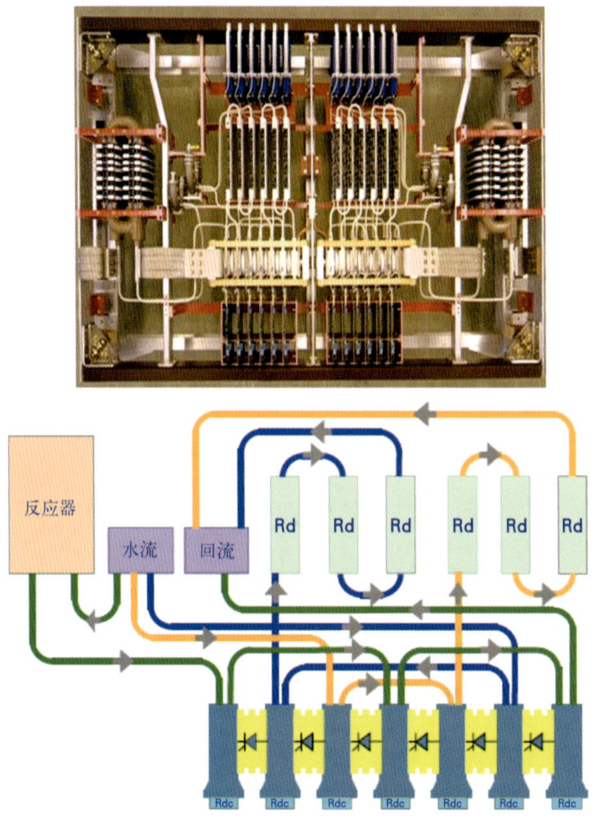

图 3-1 阀模块的水冷布置结构

并联冷却方式能保证每个水冷元件都得到很好的冷却，且温度均匀，但是管道分布杂乱，且接口比较多。串联冷却方式管路布置相对简单，但温度分布不均匀。银东±660 kV 直流输电工程直流换流站阀模块的水冷采用串/并联冷却方式，具体布局如图 3-1 所示，这种方式的管路布置相对简单，冷却效果也相对较好。

三、换流阀水冷系统的控制与保护

（一）换流阀内水冷系统的控制与保护

1.一次回路（见图 3-2）

（1）动力电源：进线电源两路都为 380 V 的交流电源，其中 1# 进线电源直接接入 P01 主循环泵，2# 进线电源直接接入 P02 主循环泵。其他电气负荷电源通过切换装置接入，当一路进线电源出现掉电、缺相等故障情况时,能自动切换到另一路电源,保证一次回路不间断供电,使系统正常运行。

(2)电源的监视和保护:系统对进线电源状况进行实时监控,电源相间不平衡、缺相、掉电以及当前工作电源回路故障等状态信息都会实时上传,可就地显示电压值、电流值等。

(3)对主设备的保护:对循环水冷却系统的主循环泵、补水泵和加热器等,就地设置状态指示灯,指示当前设备的运行状态。还提供了对泵的短路、过载等保护。

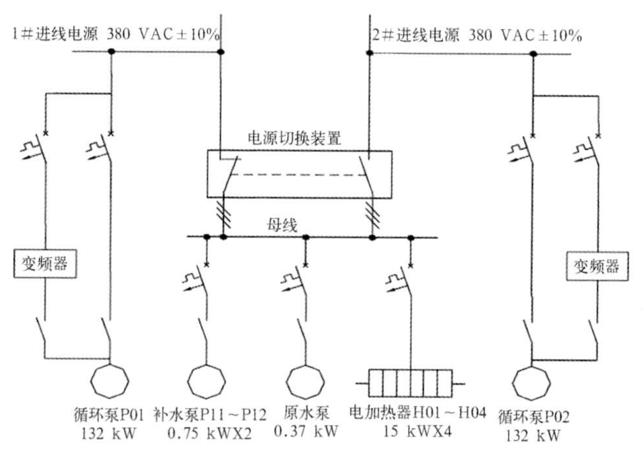

图 3-2 一次回路的结构

(4)主要电气负荷:

①主循环泵:每台 132 kW,2 台,一用一备。

②电加热器:每台 15 kW,4 台,分 2 组启动。

③补水泵:每台 0.75 kW,2 台,一用一备。

④原水泵:每台 0.37 kW,1 台。

⑤电动三通阀:2 台,一用一备。

⑥电动蝶阀:2 台。

⑦补气电磁阀:2 台。

⑧排气电磁阀:1 台。

⑨补水电动阀: 1 台。

2.二次回路

控制回路采用有冗余 PLC 的控制保护系统,从而实现了对阀冷系统的监控与保护，同时可将阀冷系统的工作状况上传给直流控制保护系统,实现了对阀冷系统的远程控制。

(1)控制电源(见图 3-3)。

①冗余配置:阀冷系统的控制保护系统为直流 24 V。如图 3-3 所示，A1#、A2# 直流电源接入水冷 A 控制系统直流电源,B1#、B2# 直流电源接入水冷 B 控制系统直流电源，在其中一路电源发生故障或断开时,故障或断开电源的控制系统就停止工作,由另一路的控制系统执行工作。

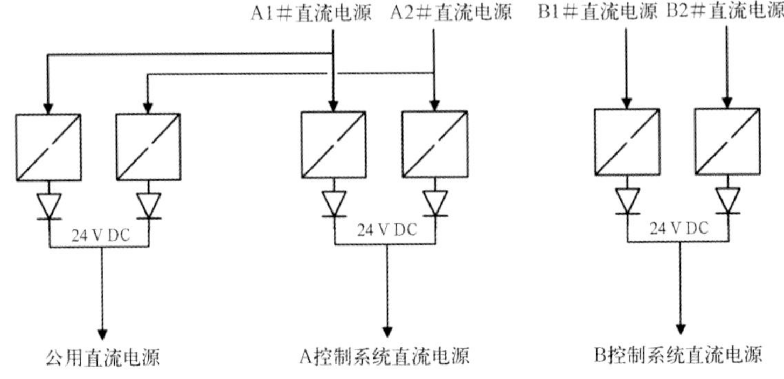

图 3-3　控制设备二次回路电源配置

②对控制电源的监视和保护：系统对进线电源状况进行实时监控，掉电故障、电源故障和当前工作电源回路等状态信息都会实时上传。

(2)控制系统。

①冗余控制器的控制系统结构如图 3-4 所示。

②主要元件配置与特点。

a.PLC 及输入/输出模板:PLC 是阀冷系统控制与保护的核心元件，银东±660 kV 直流输电工程直流换流站选用的是西门子 S7-400H 系列 PLC。

CPU 及外围设备（I/O）模块均冗余配置,CPU 采用的是 S7-400H 系列，两个 CPU 配置同步模板通过光缆连接，实现了 CPU 硬件冗余。S7-400H 系列 CPU 采用“热备用”模式的主动冗余原理,发生故障时可无扰动地自动切换。无故障时两个子单元都处于运行状态,如果发生故障,正常工作的子单元能独立完成对整个过程的控制。

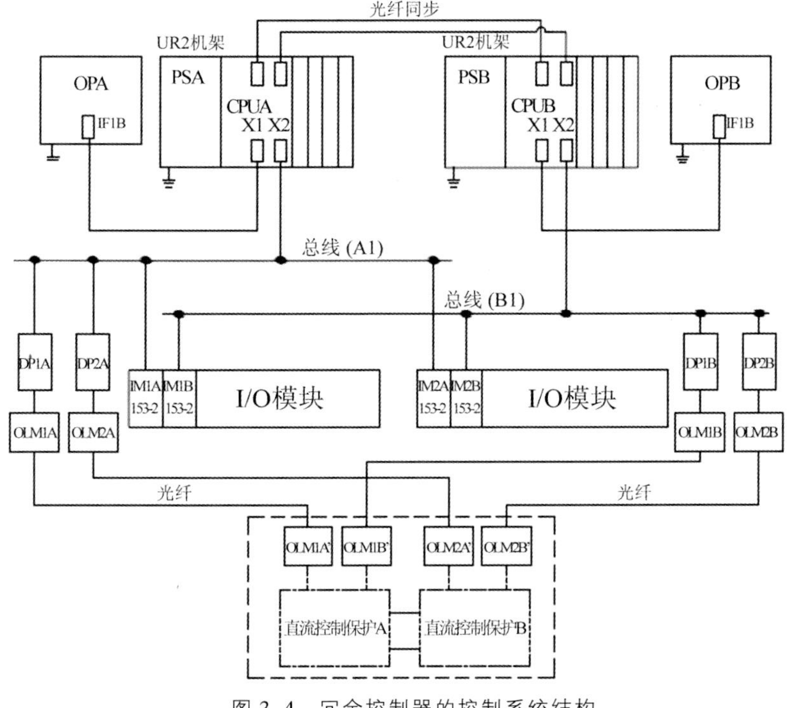

图 3-4　冗余控制器的控制系统结构

控制系统由两套独立的 S7-400H PLC 系统组成,能够实现以下功能:

·主机架电源、背板总线等冗余。

·PLC 处理器冗余。

·现场总线(PROFIBUS)网络冗余(包括通信接口、总线接头、总线电缆的冗余)。

·ET200M 站的通信接口模块 IM153-2 及所有 I/O 模块的冗余。

S7-400H 系列 CPU 的外形如图 3-5 所示,能够实现以下功能:

·功能强大的 PLC,适用于中高性能控制领域。

·解决方案满足最复杂的任务要求。

·实现分布式系统和扩展通信能力都很简便,组成系统灵活自如。

·由于大范围的集成功能,使得其功能非常强大。

冗余系统由 A、B 两套 PLC 控制系统组成。开始时,以 A 系统为主,B 系统为备用;当主系统 A 中的任何一个组件出错时,控制任务会自动切换到备用系统 B 中执行。这时,将以 B 系统为主,A 系统为备用。这种切换过程是包括电源、CPU、通信电缆、IM153 接口模块和 I/O 模块在内的整体切换。

（A控制柜CPU）

（B控制柜CPU）

图 3-5　S7-400H 系列 CPU 的外观

b.采样仪表：银东±660 kV 直流输电工程直流换流站的阀冷系统仪表分为三类，分别用于现场指示、开关量信号、4~20 mA 线性信号。通过 PLC 连接和反馈，实现监视、控制、报警及保护功能。PLC 接收并直接处理现场开关量信号；PLC 还可接收现场变送器的 4~20 mA 线性信号并显示其参数在线值，如 PLC 接收到现场变送器的超量程读数，将发出各变送器故障的报警信号。

③通信设计：对实时性要求较高的远程控制信号和阀冷系统报警信号，阀冷系统通过开关量接点与换流阀直流控制与保护系统（后文简称“上位机”）进行通信；对阀内冷系统输出的保护信号（跳闸和阀内冷控制系统故障），通过开关量接点直接输出到接口屏；对信息量较大的在线参数、设备状态监测及阀冷系统报警信息报文，阀冷系统通过四路 PROFIBUS 与上位机进行通信，实现与上位机的交叉连接，阀内冷控制系统作为子站直接与上位机主站进行通信。另外，按要求，阀冷系统单独输出两路模拟量信号至上位机，具体的通信参数如波特率、PROFIBUS 地址等与上位机协商确定。水冷与上位机的总线结构如图 3-6 所示。

3.主要设备控制逻辑

(1)主循环泵控制。

①主循环泵采用一用一备的配置方式，互为备用，正常工作时，其流量是恒定不变的。

②通常情况下,即使阀体退出运行,主循环泵也不切断,阀冷系统继续保持运行,除非产生泄漏或膨胀罐液位超低等请求停止水冷的报警信号。

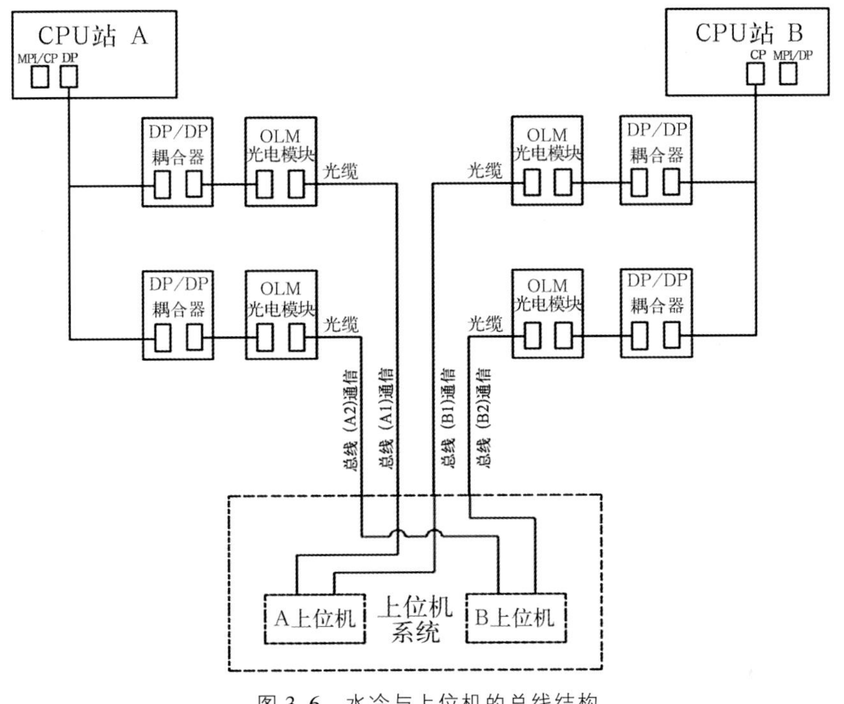

图 3-6　水冷与上位机的总线结构

③当系统检测到循环冷却水流量低而发出报警信号时,冷却水流量超低并有进阀压力低或进阀压力高时会发出跳闸保护信号。

④当系统检测到循环冷却水主循环泵出水压力低发出报警信号时,会切换至备用泵运行。

⑤当系统检测到工作泵过载时,会切换至备用泵运行。

⑥当系统检测到工作泵过热时,会切换至备用泵运行。

⑦当系统检测到动力电源故障时,会切换至备用泵运行。

⑧主循环泵切换后,若仍然有压力低、主循环泵过热报警的情况,则不再切换。

⑨当系统检测到两台主循环泵同时故障,同时有进阀压力低或冷却水流量低报警时,将发出跳闸信号。

⑩工作泵连续运行 168 h 后,自动切换至备用泵运行。

⑪ 自动操作模式下,可通过 OP 面板手动切换工作泵与备用泵。

(2)主循环泵的控制保护流程。

①主循环泵的自动切换流程:如图 3-7 所示,当前运行主泵变频启动 3 s 后自动切换到工频运行。当前主泵连续工频运行 168 h 后再切换到备用泵变频启动,启动 3 s 后再切换到工频运行。

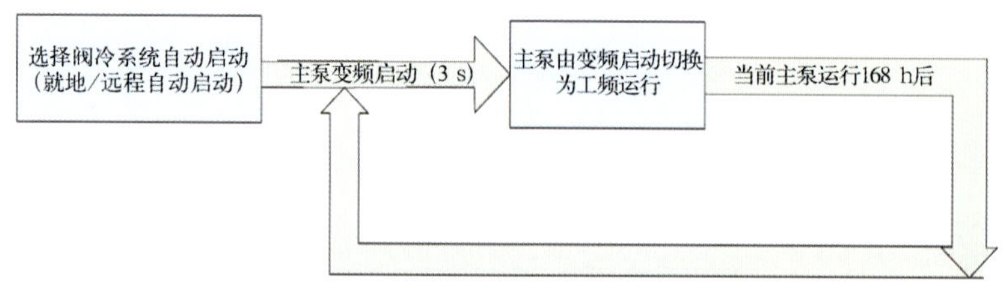

图 3-7　主循环泵的自动切换流程

②主循环泵的故障切换流程:如图 3-8 所示,当前泵工频运行时,若阀冷系统出现当前运行主泵电机过热、过载、过流,当前泵交流电源故障,主泵出水压力低报警故障等时,系统均会自动切换到备用泵工频运行。

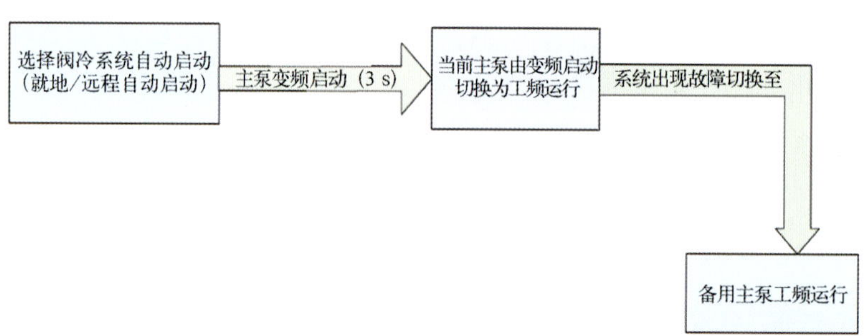

图 3-8　主循环泵故障时的切换流程

③主循环泵切换不成功时的回切流程:如图 3-9 所示,当前主泵连续工频运行 168 h 后需要自动切换至备用泵运行,当控制系统切换至备用泵运行失败时,控制系统可检测出“主泵出水压力低”的报警信号,然后回切到原运行主泵工频运行。

(3)补水泵和原水泵。补水泵采用一用一备的配置方式,互为备用。工作泵故障时自动切换至备用泵运行。补水方式有以下两种:

①手动补水方式:可以通过 OP 操作面板手动补水,两台补水泵可同时启动,补水泵到达停补水泵液位时强制停止。

②自动补水方式:在阀冷系统自动运行的过程中,补水泵能根据膨胀罐液位自动补水。膨胀罐液位低于设定值时补水泵启动,自动补水,一直补

到膨胀罐液位到达停泵液位时停止。补水泵运行方式为间断式补水。

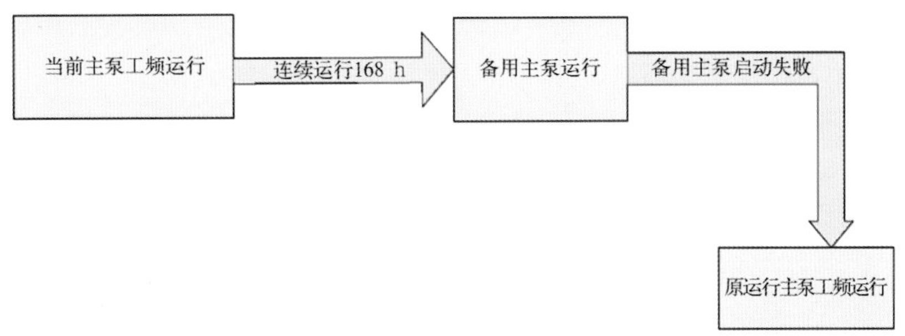

图 3-9　主循环泵切换不成功时的回切流程

当系统检测到膨胀罐液位下降至低报警液位时，发出液位低报警信号。膨胀罐液位继续下降至超低报警液位时，发出跳闸信号。不论是手动补水还是自动补水，原水罐液位低报警时均强制停补水泵，以防止将大量空气吸入阀冷系统。补水泵或原水泵启动时，原水罐电磁阀开启。原水泵只有手动启动功能，任何液位均可启动。

(4)温度控制。温度按低温段、中温段、高温段进行分段控制。

a.低温段：冬天室外环境温度极低，换流阀低负荷运行，冷却水进阀温度处于低温段时，电动三通阀全关(保留设定的最小关限位)，切除阀外冷设备回路，使系统散热量最小。如此时冷却水进阀温度继续下降至设定值时，电加热器将启动，防止冷却水进阀温度过低导致沿程管路及换流阀损伤；或冷却水进阀温度下降至接近露点时，启动电加热器，防止换流阀散热器或管路表面结露而影响绝缘。

b.中温段：冷却水进阀温度处于中温段时，通过开/关电动三通阀改变冷却介质流经阀外冷设备的流量，从而改变系统的散热量，最终使冷却水进阀温度稳定在电动三通阀的工作温度范围内。

c.高温段：夏天室外环境温度较高，换流阀满负荷运行，冷却水进阀温度处于高温段时，电动三通阀全开，冷却介质全部流经室外冷却回路。

①电动三通阀控制的原理：

a.冷却水进阀温度高于 28 ℃时，电动三通阀处于全开状态，保证全部冷却水通过室外冷却系统。

b.冷却水进阀温度为 25~28 ℃时，电动三通阀的阀门开度由 PLC 控制，通过控制电动三通阀的阀门开度大小来调节室外回路和室内旁路的流量比,使冷却水进阀温度保持在 25~28 ℃。

c.冷却水进阀温度低于 25 ℃时,电动三通阀处于关闭状态(保留设定的最小关限位),以保证绝大部分冷却水流量通过室内旁路。

d.电动三通阀的开启及关闭说明:电动三通阀的开闭是通过对电动阀设定的温度工作范围来控制的,其开关方式是脉冲式。电动三通阀发生故障时可发出报警信号。

②电加热器的控制原理:

a.当冬天室外环境温度极低而换流阀又处于低负荷运行时,电加热器(H01/H02)将启动以避免冷却水进阀温度过低。

b.冷却水进阀温度不超过 21 ℃时,电加热器 H03/H04 启动;冷却水进阀温度不低于 23 ℃时,电加热器 H03/H04 停止运行。

c.冷却水进阀温度不超过 20 ℃时,电加热器 H01/H02 启动;冷却水进阀温度不低于 22 ℃时,电加热器 H01/H02 停止运行。

d.冷却水进阀温度接近阀厅露点时,4 台电加热器强制启动;高于露点温度 4 ℃时,4 台电加热器停止运行。如果冷却水进阀温度高,4 台电加热器将强制停止运行,防止超温。

e.电加热器的启动与主循环泵运行及冷却水流量超低值互锁,主循环泵停运或冷却水流量超低时电加热器禁止运行。冷却水进阀温度变送器与阀厅温湿度变送器故障时,电加热器的控制逻辑与仪表控制逻辑类似。

f.电加热器故障时会发出报警信号,电加热失败时会发出“电加热失败”的报警信息。

(5)电动蝶阀逻辑。

①阀冷系统处于手动/自动模式下时, 均可在 OP 操作面板上手动开/关电动蝶阀。两个电动蝶阀开/关切换时,其中任意一个电动蝶阀处于开状态时,则另一个处于关状态。

②阀冷系统处于自动运行状态时,如果全开的电动蝶阀回路对应的电动三通阀故障,则处于热备用的电动三通阀所对应的电动蝶阀自动开启,已故障的电动三通阀所对应的电动蝶阀自动关闭。

③电动蝶阀故障时,在 OP 操作面板上可以手动对故障进行复位,但

当阀冷系统处于停止位时，电动蝶阀不接受任何指令。需要注意的是，V006电动蝶阀与V007电动蝶阀保证有任意一个在全开状态时，另一个才允许关闭。

(6)补气电磁阀逻辑。

①阀冷系统处于手动模式时，在OP操作面板上可以手动开/关每一个电磁阀。

②阀冷系统处于自动模式时，阀冷系统运行或停运，电磁阀根据膨胀罐压力的设定值自动开/关。

③阀冷系统处于停止模式时，电磁阀不接受任何指令，保持关闭状态。

④如果一个电磁阀报告故障，则自动切换到另一个电磁阀运行。

⑤电磁阀自动切换的条件是：补气电磁阀连续动作25 min后膨胀罐压力仍未达到停止补气的压力值。

(7)排气电磁阀逻辑。

①阀冷系统处于手动模式时，在OP操作面板上可以手动开/关排气电磁阀。

②阀冷系统处于自动模式时，阀冷系统运行或停运，排气电磁阀根据膨胀罐的压力设定排气值自动开/关，不接受手动操作。

③阀冷系统处于停止模式时，排气电磁阀不接受任何指令，保持关闭状态。

(8)补水电动阀。

①自动补水方式：阀冷系统手动或自动运行过程中，补水泵能根据膨胀罐的液位自动补水。膨胀罐液位低于设定值时补水泵启动，自动补水，同时补水电动阀自动打开，直到开限位；当膨胀罐液位到达停泵液位时补水泵停运，同时补水电动阀自动关闭，直到关限位。

②手动补水方式：可通过OP面板上的按键手动操作补水电动阀至开/关限位。

(9)仪表故障。

①PLC接收各在线变送器信号并显示其在线值。

②对于流量、温度、压力、电导率等变送器冗余，PLC判断两路输入

并选择不利值上传，当某仪表显示值超过限值报警时，则优先选择该显示值上传并显示。

③PLC 接收处理温度变送器信号，并根据设定的温度上下限输出低温预警、高温预警和超高温跳闸信号。

④PLC 接收并处理有关其他变送器信号，并根据设定限值输出预警及跳闸信号。

(10)电源逻辑。

①阀内冷系统检测到工作动力电源故障(包括掉电、缺相、相间不平衡)时，立即切换至备用电源，其切换过程不能导致系统压力、流量报警。

②任一路直流电源掉电时，系统控制回路供电无扰动。

③直流控制电源全部掉电时，发出阀内冷控制系统故障(停运直流系统)信号。

(11) PLC 站逻辑。

①双 PLC 站同时采样，同时工作。

②如果工作中的 PLC 站发生故障，则切换至另一站。

③双 PLC 站均发生故障时，发出阀内冷控制系统故障(停运直流系统)信号。

(12)密码逻辑。

①进入参数设定页面需输入密码。

②"预警屏蔽"及"预警屏蔽解除"按键均设密码，以防止误操作。

③"泄漏屏蔽"及"泄漏屏蔽解除"按键均设密码，以防止误操作。

(13)开机通行控制。开机通行控制的目的是，只有确认阀冷系统运行稳定，完全准备就绪后，换流阀才允许投入运行。上位机远程启动阀冷系统后，PLC 自动检测电源、设备、变送器的运行状态及系统参数，如果没有任何报警信号，则延时 8 s 后向上位机发出"阀冷系统准备就绪"的通行信号指令，如无此信号，则换流阀无法投入运行。需要说明的一点是，阀冷系统就地启动运行时无法发出通行指令。

(14)请求停止水冷(通过硬接点上传)。阀冷系统存在以下 7 条故障之一时，系统将向上位机发送请求停止水冷的信号：①两台主循环泵故障+冷却水流量低；②两台主循环泵故障+进阀压力低；③冷却水流量超低+进阀压力低;④冷却水流量超低+进阀压力高;⑤阀冷系统泄漏;⑥膨胀罐液位超低;⑦进阀压力超低+回水压力超低。如此时换流阀已退出运行,无须水冷系统继续运行,则上位机应向阀冷系统发出停止运行的信号,使阀冷系统退出运行。

(15)泄漏及渗漏。阀冷系统泄漏时会发出跳闸信号。阀冷系统对膨胀罐液位进行连续监测,每个扫描周期都对当前值进行计算和判断,采样与计算周期为 2 s,液位比较周期为 10 s,比较周期内泄漏量(液面高度改变)为 6 mm,延时 30 s 后执行泄漏保护动作(LT1 与 LT2 同时产生以上液位下降情况时才有效)。OP 面板显示阀冷系统泄漏报警信息并上传。

阀冷系统渗漏时会发出预警。扫描周期为 180 min,在扫描周期之间若液位下降超过 10 mm,连续产生 8 次,则 OP 面板会显示阀冷系统渗漏报警信息并上传。若任意一次采样值间下降量小于设定值,则将累计次数清零、报警复位,重新开始计数。补水泵在 1440 min 内连续补水 2 次(由启动液位补到停止液位)时,也会发出渗漏报警。

泄漏报警应排除温度变化导致的液位变化的影响,以及换流阀投入/退出运行、外冷风机初运行、主循环泵切换和电动三通阀工作的影响。当出现这些动作时,应对泄漏报警进行相应的屏蔽。

(16)报警屏蔽。阀冷系统存在非关键的预警报警时,为保证能使换流阀紧急投入运行,应在 OP 操作面板上设置"预警屏蔽"和"预警屏蔽解除"按键。按下"预警屏蔽"按键可将上传的预警硬接点信号屏蔽,强制发出"阀冷系统准备就绪"的硬接点信号,以便换流阀紧急投入运行,但此按键不应屏蔽 OP 报警报文及总线上传报警报文, 以方便运行值守人员查看处理。按下"预警屏蔽解除"按键可解除预警屏蔽功能。

在对水泵等进行在线检修后, 为防止系统因水量减少产生泄漏跳闸,应在 OP 操作面板上设置"泄漏屏蔽"和"泄漏屏蔽解除"按键。按下"泄漏屏蔽"按键可解除泄漏报警,暂时使泄漏报警功能失效;按下"泄漏屏蔽解除"按键可恢复泄漏报警,同时将泄漏采样累计时间、计数清零,重新开始采样及计数。"泄漏屏蔽解除"按键亦具有渗漏报警复位功能。

第二节　阀外冷系统

一、概述

阀外冷系统主要包括密闭蒸发式冷却塔、喷淋水循环泵、旁滤循环泵、电磁加药泵、自动清洗砂滤器、补水电动阀、排水电动阀、软水器等设备。其工作流程是：内循环冷却水在换流阀内加热升温后，由内冷循环水泵驱动进入室外密闭蒸发式冷却塔内的换热盘管，喷淋水循环泵从室外地下喷淋水池抽水，均匀喷洒到冷却塔的换热盘管表面；喷淋水吸热后蒸发成水蒸气，通过风机排至大气。在此过程中，换热盘管内的冷却水将得到冷却，降温后的内冷却水由循环水泵再次送至换流阀，如此周而复始地循环，保障换流阀可靠、安全、稳定地运行。

二、阀外冷系统的组成部分介绍

(一)外冷却塔

外冷却塔是内冷水和外冷水进行热交换的设备，换流站每个单极设置有 3 台冷却塔，如图 3-10 所示。冷却塔顶部设置有 2 台冷却风扇，1 台风机带 1 台风扇，用来向外部排风，对冷却塔进行散热。

图 3-10　冷却塔实物

(二)喷淋泵

外冷水系统共有 6 台喷淋泵，两两互为备用，如图 3-11 所示，用于向 3 台冷却塔提供喷淋水。任何一台喷淋泵发生故障时，备用喷淋泵便会自动投入运行,替代发生故障的喷淋泵。如果泵连续运行时间达到 168 h,主泵和备用泵之间便会自动切换。每台喷淋泵前有止回阀,防止水倒流。

图 3-11　喷淋泵

(三)补水回路

在综合水泵房内,单极平衡水池补水系统由 2 台 (1 台运行,1 台备用,且互为备用,自动交替运行)水泵、1 个冷却系统气压罐、2 台智能自控过滤器组成,如图 3-12 所示。

图 3-12　补水回路

每组冷却水泵分别从水池内吸水,经加压、过滤后,通过各自的给水管道及水处理回路分别送往极 1 和极 2 的阀外冷水系统平衡水池内。冷却水系统供水压力通过气压罐维持在 0.35 MPa,水泵运行由变频器通过管道出口的压力装置自动控制，并可就地操作。

1.全自动清洗过滤器

CTF-TM 型过滤器是一种易操作的全自动清洗过滤器，其外观如图 3-13 所示。该过滤器通过一个内部的电动马达实现自动清洗。下面任何一种情况均可激活自动清洗功能：

(1)滤网内的差压达到差压开关的预先设定值。

(2)手动按下控制盘面板上的手动前置清洗按钮。

(3)时间达到控制盘内定时器设定好的值。

图 3-13　全自动清洗过滤器

2.软水器

软水器的外观如图 3-14 所示，内有树脂，用于降低平衡水池水的电导率。软水器一用一备，交替再生，其两端的检修阀门 V38、V39、V40、V41 根据检修需要应关闭软水器两端的阀门。软水器旁路设置常闭阀门 V37，当两台软水器同时检修或软水器故障无法向喷淋水池补水时，可以手动将阀门 V37 打开，向喷淋水池内补水。软水器旁边还设有盐箱，用于对树脂进行置换。

图 3-14　软水器

(四)加药系统

为保证外冷水系统水质无菌、无垢,防止外冷水水管及冷却塔内冷水盘管结垢,可在外冷水系统内加装加药系统,如图 3-15 所示。加药系统采用定时定量的自动加药方式,通过两套加药装置加入缓蚀阻垢剂(DREWGARD 308 缓蚀阻垢剂)、非氧化性杀菌剂(BIOSPERSE 250 多功效广谱生物杀菌剂)和氧化性杀菌剂(ASHLAND SS 261T 氧化性微生物杀菌剂)。

图 3-15　加药泵

加药泵如图 3-15 所示，Beta 系列电磁计量泵可以在运行中调节工作参数。在计量泵的前面板上有两个旋钮：冲程长度调节钮和功能转换开关。冲程长度可通过冲程长度调节钮在 0~100%之间连续调节。功能转换开关用于选择操作方式和设置冲程频率。通过功能转换开关还可以选择操作方式，包括“stop”、“test”（启动吸液功能）、“externat”（在最大频率下工作）和“手动”四种工作模式。

（五）旁路砂滤回路

如图 3-16 所示，旁路砂滤回路用来滤除喷淋水中的固体杂质，该系统主要包括砂滤器 F01、过滤泵 P41、各进出水阀门等。运行时，通过过滤泵将平衡水池中的喷淋水抽至旁路砂滤回路进行过滤。当达到以下任何一项条件时，旁路砂滤回路将进行反洗过程：

（1）当过滤器进出口的压差超过 0.5 bar 时。

（2）当过滤器运行时间达到控制器设定的时间间隔（20~24 h）时。根据水质的不同，所定时间也有差异。

图 3-16　旁路砂滤回路

（六）泵坑排污系统

泵坑的集水坑及排污泵的作用是防止喷淋泵水泄漏，发生水淹水泵的情况。泵坑排污系统如图 3-17 所示，泵坑集水坑的体积为 1 m^3，集水坑内有两台排污泵，当集水坑内积水达 70%时，两台排污泵同时启动；将水抽至 20%时，排污泵停止运转。排污泵的启动/停止信号会传至室外无线系统(OWS),通过启动信号,可使操作人员判断外水冷系统是否发生泄漏。在排污泵的旁边有安全开关,平时处在合位。

图 3-17 泵坑排污系统

三、装置控制功能

(一)控制单元结构

控制单元处理器是整个冷却系统控制装置的核心元件,银东±660 kV直流输电工程直流换流站中选用的是西门子 S7-400H 系列控制器和 ET200 系列的 I/O 模块。CPU 及 I/O 模板、通信模板均采用冗余配置,所有模块可以在线进行更换。冷却系统控制装置到极控后台提供交叉冗余的光纤网络接口。整套控制单元均采用冗余配置,大大提高了系统的可靠性。

装置控制单元分为控制层和应用层,控制层和应用层的网络均为冗余 PROFIBUS-DP 通信。应用层对外接口为冗余的光纤接口,通信速率为 1.5 Mbps。控制单元结构如图 3-18 所示。

(二)冗余功能

冷却系统控制装置模块具有电源冗余、控制器冗余、I/O 模块冗余和网络冗余。其中,两块 PLC 的 CPU 模块和电源都是冗余配置,任意一个模块发生故障时,整个系统仍能正常运行;装置中主要的 I/O 模块也是冗余配置,包括模拟量输入模块、模拟量输出模块、开关量输入模块、开关量输出模块、通信模块等,相互冗余的任意一个模块发生故障时,整个系统仍能正常运行;装置中的 PROFIBUS-DP 通信总线也是冗余配置,任意一条通信网络出现故障时，不影响系统与第三方保护系统之间的通信。

冷却系统控制装置输入双路各自独立的电源（110 V 直流和 380 V 交流），其中任何一路直流电源或交流电源出现故障时，均不影响系统的运行。

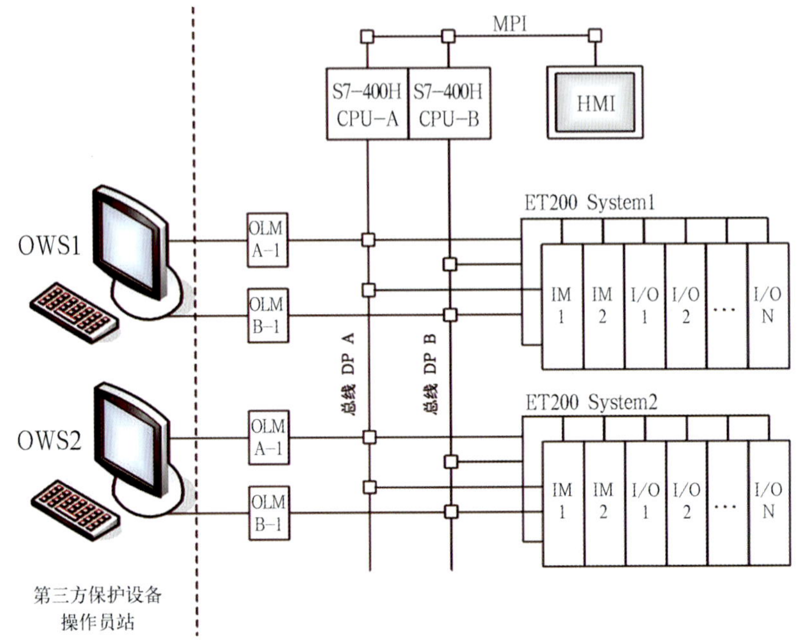

图 3-18　控制单元结构

（三）通信功能

冷却系统控制装置具有和第三方保护系统 PROFIBUS-DP 通信的功能，通过通信网络冷却系统控制装置，能向第三方保护系统上传运行数据。设备有两个独立且互为冗余的 PROFIBUS-DP 接口，接口类型为 PROFIBUS-DP，通信速率为 1.5 Mbps。

第四章　直流控制保护及硬件构成

第一节　直流控制保护

一、直流输电控制的基本原理

直流输电系统的控制调节是通过改变线路两端换流器的触发角来实现的，能执行快速和多种方式的调节，不仅能保证直流输电的各种输送方式，完善直流输电系统本身的运行特性，而且还能改善两端交流系统的运行性能。因此，直流输电的控制调节对整个交直流系统的安全和经济性起着重要的作用。

由于对直流输电系统的快速控制仅限于改变触发角，因此对两端直流输电系统而言，控制的自由度只有 2 个，故能被控制的量也只有 2 个，不可能有更多的量被控制。通常要求直流输电系统按照某种功率指令运行，因此最直接的控制模式就是定功率控制。为了达到定功率控制的要求，最简单的做法就是一侧控制直流电压恒定，另一侧控制电流恒定。整流运行和逆变运行的特点不同，通常整流侧是定电流控制，而逆变侧是定电压控制。

上面讲的是最基本的控制方式，当然在不同的情况下可能会有不同的控制方式。下面对整流站和逆变站的基本控制及其特性做进一步的简单介绍。

(一)整流站的基本控制配置

1.最小触发角 α_{min} 控制

晶闸管阀由数十乃至上百个晶闸管构成，在控制极施加触发脉冲的时候，如果施加在它上面的正向电压太低，阀触发电路能量不足，就会导致晶闸管导通的同时性变差，对阀的导通不利。为此，可设定最小触发角控制这一功能。从世界上某些直流输电工程的设计及运行经验来看,绝大多数直流输电工程采用的最小触发角为5°。

2.直流电流控制

直流电流控制也称"定电流控制",是对直流输电的最基本控制。它可以控制直流输电的稳态运行电流,并通过该电流来控制直流输送功率,以及实现各种直流功率调制功能,改善交流系统的运行性能。同时,当系统发生故障时,它又能快速限制暂态的故障电流以保护晶闸管换流阀及其他设备。因此,直流电流调节器的稳态及暂态性能是决定直流输电控制系统性能好坏的重要因素。

3.直流功率控制

直流功率控制也称为"定功率控制",可以使直流输电系统按照预定的计划输送功率。然而,功率调节器并不直接控制换流器的触发脉冲相位,而是以直流电流调节器为基础,通过改变电流调节器的电流定值来实现功率调节。

4.其他控制方式

除上面所述以外,还有其他一些控制方式。例如:为限制过电压而配备的直流电压控制;当直流电压太低时,减小直流电流指令值的低压限流控制;等等。

(二)逆变站的基本控制

1.定关断角控制

当换流器作为逆变器运行时,从被换相的阀电流过零算起,到该阀重新加上正向电压为止这段时间所对应的电角度称为"关断角"。如果关断角太小,以致晶闸管来不及完全恢复其正向阻断能力又重新被加上正向电压,就会重新自行导通,发生倒换相过程,造成的后果是应该导通的阀关断,而应该关断的阀却继续导通,这种现象被称为"换相失败"。

在直流输电工程中,如果发生一次换相失败,系统往往能自行恢复,对直流输电影响不大。但是,如果连续发生换相失败,就会严重影响直流功率的输送。因此,从保证逆变站安全运行的角度来看,关断角应保持得大一点。但从另一方面来看,增大关断角会降低逆变站的功率因数,使逆变站消耗的无效功增大。因此,应通过合理的调节,将关断角限制在最小安全值以上。

2.直流电流控制

根据电流的裕度控制原则,逆变侧也需要安装电流调节器。不过,逆变侧电流调节器的整定值比整流侧要小,因此在正常工况下,逆变侧电流调节器不参与调节。只有当整流侧直流电压大幅度降低或逆变侧直流电压大幅度上升时,才会发生控制模式的转换,变为整流侧最小触发角控制直流电压,逆变侧控制直流电流。同时,还可以配备自动电流裕度补偿功能,来弥补与电流裕度定值相等的电流下降,尽量减少直流输送功率的降低。另外,因各种故障原因,直流电流会突然大幅度减小,导致整流侧失去控制电流的能力,逆变侧也将进入定电流控制模式。

3.直流电压控制

逆变站采用定电压控制的方式。与定关断角控制相比,这种方式更有利于直流系统的动态稳定。因此,逆变侧一般采用定电压控制。

4.其他控制方式

除以上所述之外,还有其他一些控制方式,如低压限流控制、最大触发角控制等。

(三)两端直流系统的基本运行特性

1.两端定触发角控制

直流系统的控制基础是两端定触发角控制。当不考虑调节器的作用时,整流器将按一个固定的触发滞后角运行,逆变器将按一个固定的触发超前角运行。图 4-1 所示为不同控制方式下直流电流与直流电压的关系,两侧直线的交点为直流系统的稳定运行点 N。

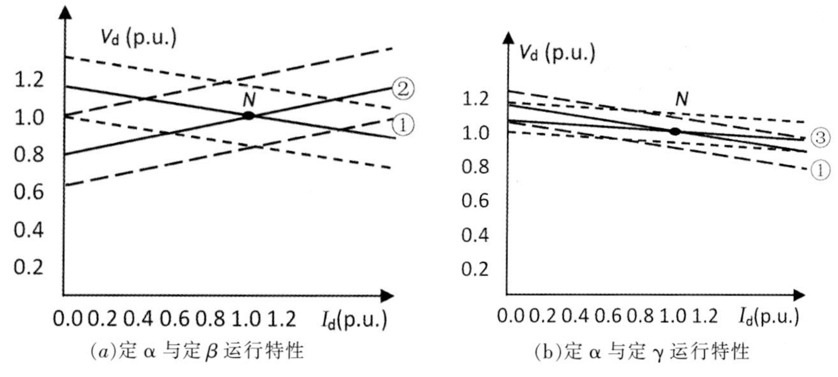

(a)定 α 与定 β 运行特性 (b)定 α 与定 γ 运行特性

图 4-1 定触发角伏安特性

①–定滞后触发角 (α)特性;②–定超前触发角(β)特性;③–定关断角(γ)特性

2.触发角限制

两端不同触发角的伏安特性直线是一组相互平行的、沿垂直方向变化的直线(如图中的虚线所示)。但是,角度变化与直流电压(直线间距离)变化的关系是非线性的。整流器运行时,换流器触发角在 0°~90°范围内变化。考虑到必须有一定的时间来保证每个阀可控硅元件的触发电路具有足够的触发功率和能克服元件参数误差的影响,故最小触发角限制通常设为 5°。其特性处于较高的位置。

而当逆变器运行时,换流器触发角在 90°~180°的范围内变化,最大触发角要受到换相角和关断角的限制。逆变器运行的控制角 α(或滞后触发角)为:

$$\alpha=180°-\beta=180°-(\gamma+\mu) \tag{4-1}$$

式中,β 为超前触发角,γ 为熄弧角,μ 为换相角。

由式(4-1)可知,增大触发角 α,即减小超前触发角 β 或 γ,在伏安特性上的直线将上移。但是,一般大功率可控硅元件的去离子恢复控制时间(γ_{min})在 400 μs(约 7 个电角度)左右;对可控硅阀而言,考虑到串联元件的误差和关断角调节器响应需要的时间,为避免系统小扰动导致换相失败,需要考虑一定的裕度。根据直流输电工程经验,关断角调节器的设定值(γ_0)一般为 18°左右。从图 4-1 中可以看出,定关断角的特性是个负阻特性,即直流电压下降,直流电流上升;γ 增大,直流电压将下降。超前触发角 β 的减小也减小了 γ 角的裕度,最后达到最小 γ 角限制。

由图 4-1 还可以看出,随着交流系统电压幅值的变化,定控制角的特性直线也将沿着垂直方向平行变化。但是,直流电压的变化与交流电压变化的关系是线性的。因此,当任一端交流电压变化时,直流系统的运行点将发生变化(图 4-1 中各个直线间的交点)。运行点的变化会使直流电压和电流随之发生变化,像交流输电线路一样不能控制输送功率和保持输电的稳定。

3.直流电流调节

在两端直流输电系统中,直流电流是相同的。为了保证直流系统的稳定,必须有一端控制直流电流。可以给定的值为参考,进行直流电流的闭环控制。在其他因素变化时,改变一端的控制角,可以使实际的直流电流在设定的电流值上运行。

从图 4–2(a)逆变侧定角度的运行特性可以看出，在正常运行状态下，逆变侧运行在额定直流电压对应的 β 角特性上，与整流侧的定电流特性(假定为 1.0 p.u.)相交于 N 点。如果整流侧交流电压下降，运行点将按着逆变侧定 β 角特性到 B 点，直流电压下降，直流电流也下降。由于整流器的电流调节作用，减小 α 角，使运行点回到 N 点，用 α 角的变化对应于整流侧交流电压的变化，保持直流电流不变，除非受到最小 α 角限制。同样，如果整流侧交流电压上升，运行点将按着逆变侧定 β 角特性，使直流电压和电流上升。由于直流电流调节器的作用，增加 α 角，使运行点回到 N 点，用 α 角的增加对应于整流侧交流电压的上升，保持直流电流不变。相反，逆变侧交流电压下降，运行点将沿着整流器的定电流特性，下降到相应的交点 C，直流电压降低；同样，逆变侧交流电压上升，直流电压将上升到相应的值。因此，直流电压会随着逆变侧交流电压的变化而变化，不能保持恒定。

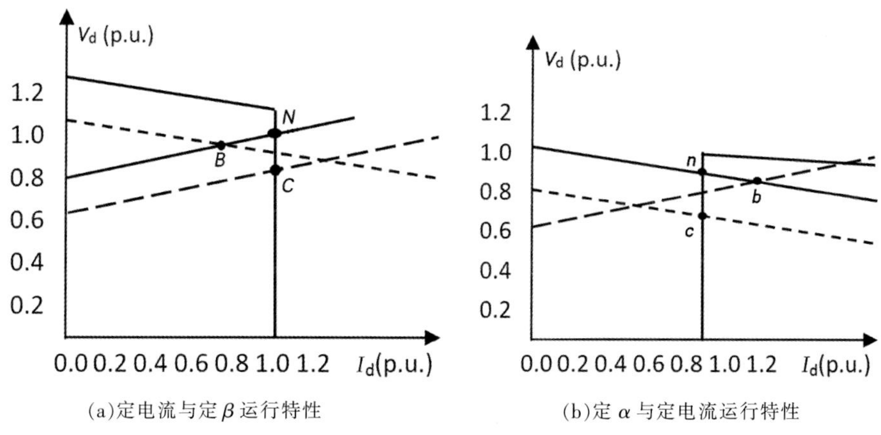

(a)定电流与定 β 运行特性　　(b)定 α 与定电流运行特性

图 4–2　定角度的伏安特性

从图 4–2(b)整流侧定 α 角与逆变侧定电流的运行特性可以看出，正常运行时，整流侧的定 α 角特性直线与逆变侧定电流特性直线相交于 n 点。如果逆变侧交流电压下降，运行点将按照整流侧定 α 角特性到 b 点，直流电压下降，直流电流上升。由于逆变器电流调节器的作用，减小 β 角，使运行点回到 n 点，用 β 角的变化对应于逆变侧交流电压的变化，保持直流电流不变，除非受到最大 α 角或最小 γ 角的限制。同样，如果逆变侧交流电压上升,运行点将按照整流侧定 α 角特性变化,使直流电压上升,直流电流下降。由于逆变器电流调节器的作用,增加 β 角,使运行点回到 n 点,用 β 角的增加对应于逆变侧交流电压的上升,保持直流电流不变,除非受到逆变器最小 α 角的限制。相反,整流侧交流电压下降,运行点将沿着逆变器定电流的特性下降到相应的交点 c,直流电压降低;同样,整流侧交流电压上升,直流电压将上升到相应的值。因此,直流电压会随着整流侧交流电压的变化而变化,不能保持恒定。

4.直流电压调节

在两端直流线路中,一端定电流调节时,另一端定触发角控制仅能在一定程度上起到控制直流电压的作用,但不能完全保持直流电压的稳定。同样,一端定电压,另一端定触发角控制尽管可以保持直流系统的电压稳定,但在定触发角侧交流电压变化时,直流电流将发生较大的波动。因此,只有一端为定电流控制,另一端采用定直流电压闭环控制时,才能在保持直流电压恒定的同时,使直流系统稳定运行。

从图 4-3(a)整流侧定电流和逆变侧定电压的运行特性可以看出,逆变侧的定直流电压特性是平行于直流电流轴的直线。运行在额定工况的定直流电流与定直流电压特性直线相交于 N 点。整流侧交流电压变化的调节过程同前面定电流调节的一样,在此不再赘述。如果逆变侧交流电压下降,运行点瞬间将沿着整流器定 α 角的特性到达 B 点,此时直流电压下降,直流电流增加,因此逆变器定电压调节器减小 β 角,起到提高电压也减小电流的作用。同时,整流器定电流调节器加大 α 角,减小电流,与逆变器定电压调节器配合,如果电流调节器的响应速度较快,那么当电流到达设定点 C 后,随着直流电压的上升,又需要减小 α 角,最终的结果就是逆变器定电压调节器改变 β 角, 弥补逆变侧交流电压的变化,使运行点回到 N 点,维持直流电压和电流不变,除非 β 角受到边界限制。

从图 4-3(b)整流侧定电压与逆变侧定电流的特性可以看出,运行在额定工况的定直流电流与定直流电压特性直线相交于 n 点。逆变侧交流电压变化的调节过程不再赘述。当整流侧交流电压下降时,运行点瞬间将按着逆变器定 β 角特性到达 b 点,直流电压下降和直流电流上升;整流器电压调节器减小 α 角提高直流电压,实际首先提高了直流电流,回到 n 点。只有在逆变器电流调节器响应较快的条件下，才能用增加β角的方式增加电流。同样，当电流达到设定点c后，与直流电压升高相配合，又将减小β角，使运行点回到n点。最终，用减小α角的方式弥补整流侧交流电压的变化，保持直流电流和直流电压不变，除非受到最小α角的限制。同样，整流侧交流电压上升，整流侧定电压调节器用增大α角的方式弥补整流侧交流电压的变化，以保持直流电压和电流不变。

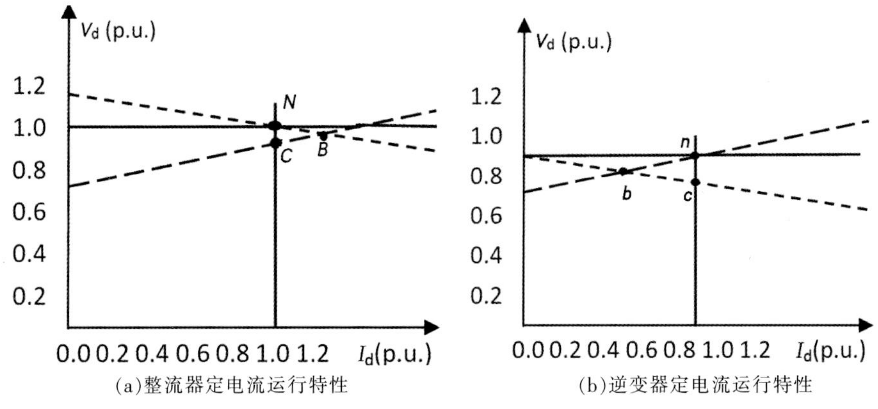

(a)整流器定电流运行特性　(b)逆变器定电流运行特性

图 4-3　定电压与定电流的伏安特性

逆变器采用定电压调节器，加上定γ角限制的调节方式，适用于逆变侧交流系统为弱系统，即交流系统等值(短路)阻抗较大的情况，有利于保持交流电压的稳定。例如，由于某种扰动使逆变站交流母线的电压下降时，为保持直流电压不变，逆变器的电压调节器会自动关小，使逆变器的功率因数提高，消耗的无功功率减小，有利于防止交流电压进一步下降或阻尼电压振荡。如果逆变器采用定γ角调节，则当交流电压下降时，将通过增大β角来保持γ角不变，因此逆变器的功率因数下降，消耗的无功功率增大，使交流电压进一步下降，这在某种条件下甚至会形成恶性循环，最终导致交流电压崩溃。定电压调节的另一个优点是，在轻载(直流电流小于额定值)运行时，由于γ角比额定运行时的大，对防止换相失败更有利。定电压调节的缺点是，在额定条件下运行时，为保证直流电压有一定的调节范围，逆变器的γ角会略大于给定值，即消耗的无功功率较多，换流器的利用率较低。

5.电流裕度控制

根据实际直流工程的需要，可以选择上述不同的运行特性，组合成直流系统的基本控制特性。自从1954年哥特兰岛直流输电工程投入运行至今，所有直流输电工程无一例外都采用了电流裕度控制特性，这是维持直流输电系统稳定运行的一种通用控制方法。

这种两端直流系统的基本控制性能如图4-4所示：整流侧特性由定电流和最小触发角两段直线构成，逆变侧特性由定直流电流和定关断角或定直流电压两段特性构成。为了避免两端电流调节器同时工作，引起调节不稳定，逆变侧电流调节器的定值一般比直流侧小0.1 p.u.，这就是电流裕度。

正常运行时，以整流侧定电流，逆变侧定关断角或定直流电压的运行特性工作。当整流侧交流电压降低或逆变侧交流电压升高很多时，整流器进入最小触发角限制，直流电流小于稳态值0.1 p.u.，逆变器将自动转为定直流电流控制。这种整流器和逆变器控制特性的组合，就是电流裕度控制特性，可使直流输电系统传输的直流电流不致因所连接的交流系统电压变化而大幅度波动，从而保证了直流功率的稳定传输。

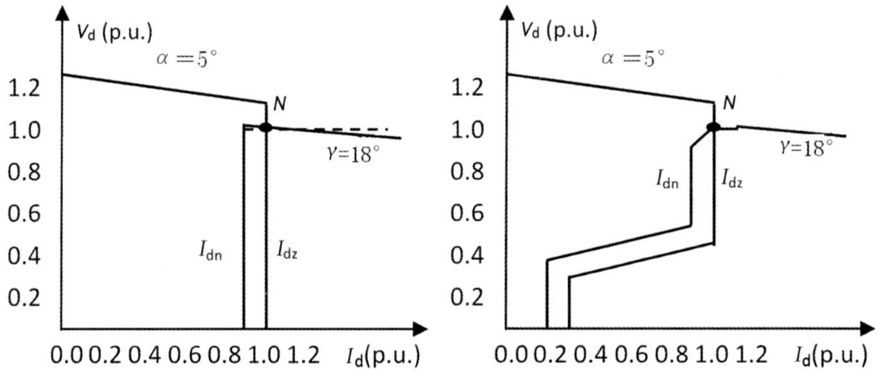

(a)电流裕度控制特性 (b)直流系统实用控制特性

图4-4 直流系统的基本控制特性

直流输电系统的其他控制功能，如定功率控制、频率控制、阻尼控制等高层控制，都是在上述基础上增设的。

6.直流系统基本控制性能的改善

实际使用的直流输电控制系统中，为了控制调节和系统的动态稳定，在基本控制特性上还有一些改善措施，如：

(1)电流裕度平滑转换。如果逆变侧交流系统较小，导致图4-4中电流裕度特性中的逆变器定 γ 角特性的斜率大于整流器的定 α 角特性，导致电流裕度之间缺少稳定运行点，裕度两端电流特性与最小 α 角和最小 γ 角特性的交点会随着交流电压的变化而来回振荡。为了避免这种现象发生，在实际特性中都有这样的操作：当逆变器实际电流在逆变器电流定值与整流侧电流定值之间，即 $I_{d0}-\Delta I_d<I_d<I_{d0}$ 时，按电流差值增加 γ 角，即：

$$\gamma=[1+k(I_{d0}-\Delta I_d)/I_{d0}]\gamma_0 \tag{4-2}$$

式中，k 为常数，适当地选取数值可使该特性曲线变成一条正斜率的直线，如图 4-4(b)所示。另外，逆变器采用定直流电压控制，不会产生如前文所述的随交流电压变化而产生的振荡问题。

(2)电流裕度补偿。使用电流裕度控制特性，当进入逆变器定电流控制时，由于直流电流减小了裕度，使直流输送功率也相应减小。为了弥补直流功率的减少，一些直流输电工程采用了电流裕度补偿功能。其原理是同时提高两端电流调节器的定值：当整流侧进入最小触发角限制时，将实际电流与原电流定值的差加到电流调节器最后使用的定值上，这个新值也将送到逆变侧，提高正在工作的电流调节器的定值，达到既补偿直流功率的损失，也不造成两端调节器来回切换不定的目的。在基本控制特性上，相当于两个定电流直线同时右移，最大可将原先左侧的线移到原先右侧线的位置上。

(3) 低电压限制电流功能。直流输电控制系统都设有低压限流(VDCL)功能，即当交、直流系统扰动或直流系统换相失败时，按交流或直流电压下降的幅度降低直流电流到预先设置的值，具体来说有以下几点：

①保护换流阀：因为正常运行的阀仅在 1/3 的时间内导通，当换流器不能正常换相时，一些正常阀将长期流过大电流，影响换流器的运行寿命，甚至造成损坏。

②避免逆变器换相失败：由于逆变侧交流系统故障或逆变器已经发生换相失败，造成直流电压下降、直流电流上升，使换相角加大、关断角减小，从而发生换相失败或连续换相失败。降低电流参考值可以减少发生换相失败的概率。

③有利于交流系统的电压恢复:当交流系统发生故障,直流系统电流减少时,两端换流器会减少吸收无功功率,这样有利于交流电压的恢复。如果交流系统故障被隔离,直流系统功率恢复得太快,换流器就需要吸收较大的无功功率,这将影响交流电压的恢复。所以,当逆变侧较弱时,需要等交流电压恢复后再恢复直流。

对于不同的工程,此功能的动作方式和值有所不同。直流系统的实用控制特性如图 4-4(b)所示。

二、HVDC 控制保护功能要求

(一)直流工程控制系统配置方案

1.整流站基本控制配置

(1)最小触发角 α_{min} 控制。晶闸管导通的条件为:①阳极和阴极间有正向电压;②控制极上加有足够强度的触发脉冲。晶闸管阀的导通条件也一样, 只不过晶闸管阀一般是由数十乃至上百个晶闸管串联构成的。在控制极加上触发脉冲的时刻, 如果施加在它上面的正向电压太低,会导致各晶闸管导通的同时性变差,对阀的均压不利。最小触发角控制就是为解决这一问题而设的。绝大多数直流输电工程采用的最小触发角都是 5°。

(2)直流电流控制。直流电流控制也叫“定电流控制”,是直流输电中最基本的控制,可以控制直流输电的稳态运行电流,并通过它来控制直流输送功率,以及实现各种直流功率调制功能,改善交流系统的运行。同时,当其他系统发生故障时,它又能快速限制暂态故障电流以保护晶闸管换流阀及换流站的其他设备。因此,直流电流调节器的稳态和暂态性能是决定直流输电控制系统好坏的重要因素。

(3)直流电压控制。直流电压控制也称“定电压控制”。按照电流裕度的原则,整流站不需要配备直流电压控制功能,但为了防止某些异常情况(如发生直流回路断路时出现过高的直流电压)发生,通常整流站仍配备有直流电压控制功能,主要目的是限制过高电压。其电压整定值通常均略高于额定直流电压值(如 1.05 p.u.),当直流电压高于定值时,它将加大 α 角,起到限压的作用。

(4)低压限流控制。在低压限流特性的响应时间方面,直流电压下降方向通常取 5~10 ms,直流电压上升方向通常取 40~200 ms,个别工程可达 1 s。

(5)直流功率控制。高压直流输电系统往往需要按预定计划输送功率。当两侧换流母线电压波动不大时,整流侧采用定电流控制,逆变侧采用定电压控制,便可近似得到定功率控制特性。但是,为了精确控制直流传输功率,通常采用的定功率控制方式是增加功率调节器。功率调节器不直接控制换流器触发脉冲相位,而是以直流电流调节器为基础,通过改变其电流定值的办法来实现功率调节。在实际工程中,一般将运行人员整定的功率定值除以实测直流电压,获得为保证此功率定值所需要的直流电流定值。这样做有电流控制调节速度快,可以抑制过大电流等优点。功率调节器通常控制整流站电流调节器的电流定值,以达到控制功率的目的,但功率调节器并非一定要装在整流站里,它的装设地点往往随主导站而定。这样构成的控制系统是一个多闭环调节系统,为此必须适当选择各调节器的参数,以防止功率调节器与电流调节器之间相互干扰而产生振荡。

(6)为保证换流器运行在容许范围内,控制系统还应当设置以下电流限制和 α 角限制。

①最大电流限制,如 2 h 过负荷能力限制、冬季过负荷能力限制、动态过负荷能力限制、直流降压运行负荷限制等。通常是在两端换流站各自计算出本站最大电流限制值,并送往对站,选出其中较低值作为共同的最大电流限制值,并保证在任何情况下两端最大电流限制值均相等。

②最小电流限制。为使直流输电系统不致运行在过低的直流电流水平上,以避免直流电流发生断续而引发过电压之类的问题,应对最低运行电流值予以限制。直流输电系统正常运行所允许的最小直流电流应当大于所谓的“断续电流”,并考虑留有一定的裕度,一般为断续电流的 2 倍。通常取最小电流限制值为额定直流电流的 10%。

③整流站最小 α 角限制。当整流站发生交流系统故障时,为降低故障对直流输送功率的影响,最小 α 角限制会将 α 角快速降低到允许的最小值。当故障消失、交流电压恢复后,如果 α 角很小,直流电流会很大。为防止这种情况发生, 在三相直流工程中配备了整流站最小 α 角限制功

能。当检测到单相故障或三相故障时，最小 α 限制将根据故障类型的不同，输出不同的 α 角限制值。故障消除后，该限制值将以一定的速率降为零。

2.逆变站基本控制配置

(1)定关断角(定 γ 角)控制。当换流器做逆变运行时，从被换相的阀电流过零算起，到该阀重新被加上正相电压为止，这段时间内所对应的电角度称为“关断角”。如果关断角太小，以致晶闸管阀来不及完全恢复其正向阻断能力又重新被加上正向电压，电路将自行重新导通，发生倒换相过程，使应该导通的阀关断，应该关断的阀继续导通，这种现象称为“换相失败”。

逆变器偶尔会发生单次换相失败，但往往会自行恢复正常换相，对直流输电系统的运行影响不大。若连续发生换相失败，则会严重扰乱直流功率的传输，必须予以避免。因此，从保证逆变器安全运行的观点来看，逆变器关断角应保持大些为好。

(2)直流电流控制。根据电流裕度控制原则，逆变器也需装设电流调节器，不过逆变器定电流调节器的整定值比整流器小，因而在正常工况下，逆变器定电流调节器不参与工作。只有当整流侧直流电压大幅度降低或逆变侧直流电压大幅度上升时，才发生控制模式的转变，变为由整流器最小触发角控制直流电压，逆变器(定电流)控制直流电流。同时，还应配备自动电流裕度补偿功能，来弥补与电流裕度定值相等的电流下降，以尽量减少直流输送功率的降低。

(3)直流电压控制。逆变站采用定直流电压控制。与定关断角控制相比，定直流电压控制更有利于受端交流系统的电压稳定。但另一方面，当采用定电压控制时，由于增大直流电压方向上往往需要留有一定的调节裕量，因此在额定工况下，这种控制方式保持的关断角比定关断角控制时要大，逆变器吸收的无功功率要多些，设备利用率也要低一些。

(4)低压限流控制。为了和整流侧低压限流控制的特性相配合，保持电流裕度，逆变侧也需要设置低压限流控制，且其电压定值、电流定值、时间常数都必须与整流站密切配合。按某些工程经验，低压限流控制的直流电压动作值逆变站取 0.35 ~0.75 p.u.，直流电流定值逆变侧通常取 0.1~0.3 p.u.，个别工程取 0。

(5)最大触发角限制。为防止某些异常情况下因调节器超调导致逆变器触发角 α 太大,造成逆变器关断角太小引起换相失败故障,逆变器还需设置最大触发角限制,通常为 150°~160°。

3.换流变压器分接头控制

在有载调压开关控制中,换流变压器分接头控制包括以下方式:

(1)手动控制。运行人员可以手动控制有载调压开关。有载调压开关的手动控制应看作后备方式,例如在自动方式不能采用时。但是,应避免在直流功率传输期间采用手动控制有载调压开关, 因为在功率传输的过程中,抽头控制用于控制阀侧空载电压。

(2)自动控制。

①空载控制。在换流器闭锁或在光线路终端(OLT)试验时选择空载控制。OLT 在预选范围内设置有载调压开关。如果变压器失电(交流开关分开),有载调压开关将移到最低位置,此时 Udio 为最低值。如果换流变压器上电并且不在 OLT 试验状态,则有载调压开关将根据最小电流值要求建立 Udio 值。在线路开路试验时,换流变压器抽头的空载控制根据 OLT 需要的直流电压等级控制 Udio 为参考值。

②Udio 控制。换流变压器分接头控制器根据实际的换流变压器抽头位置和换流变压器交流侧电压计算换流变压器阀侧空载电压。将计算得到的换流变压器阀侧空载电压与设计的参考值进行比较, 得到电压误差。换流变压器抽头控制器根据得到的电压误差产生升/降换流变压器抽头的命令。当电压误差大于 0.01 p.u.时,发出降抽头的命令;当电压误差小于-0.01 p.u.时,发出升抽头的命令。执行抽头升降指令的时候有一定的延时,以避免抽头在交、直流电压扰动时发生升降。计算得到的换流变压器阀侧电压具有上限。如果电压超过上限(1.02 p.u.),则自动发出降抽头的命令。如果计算得到的换流变压器阀侧电压达到 1.01 p.u.,则禁止任何升抽头的命令。

③Udio 限制。Udio 限制的目的是防止设备由于稳态过电压而受到应力。因此,Udio 限制器优先于正常的有载调压开关控制,这能确保 Udio 不会超过 UdioL 值, 可通过有载调压开关控制换流变压器阀侧电压来实现。Udio 限制有两个关联的限制:UdioG 和 UdioL。UdioG 选为有载调压开关

控制功能指令的 Udio 增加的上限值;Udio 选为避免有载调压开关摆动的足够高值,即不能跟随增加 UdioL 指令而降低。Udio 限制功能在所有控制方式下都有效,包括手动控制。这是有载调压开关控制的最高优先级。Udio 限制的运行范围为：

a.UdioG<Udio<UdioL：对 Udio 高于 UdioG 但低于 UdioL 的情况,Udio 限制器模块会给有载调压开关一个指令，增加换流变压器的阀侧电压。

b.高于 UdioL:对 Udio 高于 UdioL 的情况,Udio 限制器模块给有载调压开关发出切换指令,降低换流变压器的阀侧电压。

④ 同步。假如不同有载调压开关的位置之间存在差异,应产生报警信号至数据采集与监视控制系统(SCADA),同时自动再同步功能将恢复有载调压开关之间的同步。再同步功能仅在自动控制时有效。此功能将使有载调压开关尝试一次同步,如果不成功,此功能将给出一个报警信号并禁止下一步的自动控制。在手动方式下选择单独步进时,有载调压开关在切回自动方式前必须手动再同步。

4.无功功率控制

(1)无功功率控制(RPC)的目的是控制与换流站相连的交流电网的特性，可控制的参数为交流母线电压或与交流系统交换的无功功率。RPC 可确定需要多少滤波器才可以防止过多的谐波进入交流系统。这些是通过滤波器的投切来实现的。

在 Q-控制模式下,RPC 投切滤波器/并联电容器组以保持与交流系统交换的无功功率在规定的设定值范围之内。如果无功功率的交换量超过了死区的限制,便会发出“投切滤波器”的命令。死区的大小与每组滤波器无功功率的大小和交流系统的响应特性相配合。在电压控制中(U控制),RPC 投切滤波器/并联电容器组来使交流电压保持在死区范围内的限定值上。可通过切除滤波器/并联电容器组来防止稳态过电压。

换流器无功功率控制(QPC)可通过改变触发/熄弧角来消耗过剩的无功功率。RPC 可监视谐波滤波特性,根据运行情况,把投入的滤波器数量和所需的最小数量相比较。为保证满足滤波要求,所需的滤波器数量可根据运行方式和直流功率的大小决定。

(2)RPC能自动投切滤波器/并联电容器组,投切动作受以下功能控制:

①绝对最少滤波器:根据设备额定值应投入的滤波器数量。

②最大交流电压:对交流母线稳态电压的监视。

③最大无功功率:限制投入的滤波器数量。

④最少滤波器:根据谐波滤波要求投入的滤波器数量。

⑤无功功率控制/交流电压控制:将与交流系统交换的无功功率控制在参考值,或将交流母线电压控制在参考值。

(3)根据所选择的功能的优先级,RPC可以根据子功能来配合投切操作,使投切操作符合投切逻辑。优先级1拥有最高优先权。各优先级为:

①优先级1:绝对最少滤波器。

②优先级2:最大交流电压。

③优先级3:最大无功功率。

④优先级4:最少滤波器。

⑤优先级5:无功功率控制或交流电压控制。

在一个优先级上的投切操作,其投切的后果不会与优先等级更高的投切操作发生冲突。交流电压控制和无功功率控制不能同时工作,控制模式应由运行人员选择。

(4)绝对最少滤波器通过投入适当数量的滤波器来保证设备的额定值得到满足。此功能也可防止其他控制功能为避免滤波器过负荷而切除滤波器。即使无功功率控制在手动模式下,绝对最少滤波器也可投入滤波器。在极启动时,它能投入第一组滤波器。如果绝对最少滤波器的要求没有得到满足,那么RPC将在预定时间后断开HVDC连接。根据固定的功率表,绝对最少滤波器的额定数量可预先计算出来,且在RPC中进行编程。

最大交流电压监视交流母线的稳态电压。如果电压在一定时间内超出了最大限值,无功功率控制在满足绝对最少滤波器组数的前提下,将通过连续切除滤波器来阻止电压的继续升高。通过切除滤波器,RPC便可以在保护允许的范围内保持稳态交流电压,以防止过压保护动作。如果多投入一组滤波器就将使电压超过最大限值,那么最大交流电压控制功能可阻止投入更多的滤波器。

通过监测运行情况，最大无功功率功能限制了系统中投入的滤波器/并联电容器的数量。当运行情况发生变化时，RPC 可限制无功功率，防止电压升高。无功功率控制可决定投入滤波器的最小数量和类型，以满足谐波滤波和滤波器特性的需要。相关因素包括：直流传输功率的大小、站运行模式（整流/逆变）、解锁极的数量、直流电压大小、正常或降压。

如果所有已投入的滤波器仍不能满足滤波的要求，此功能将下令投入更多的滤波器，直到满足滤波的要求。当最少滤波器要求没有满足时，运行人员会接到报警，但不会有进一步的动作。最少滤波器控制不能切除滤波器，只能在较低的优先级下使控制系统下达切除命令。

无功功率控制模式用于控制与交流电网的无功功率交换。交换量应该尽可能地接近预设的目标值。在目标值的周围应设定一个适当的死区，死区的范围要大于最大一组滤波器容量的一半，这样可以防止产生振荡现象，以及由此引起的滤波器频繁投切。

运行人员可以选择无功功率控制或电压控制。若要手动设置与交流电网无功功率交换的参考值，也可以设置无功功率控制的参考值和死区大小。死区设置为参考值的上下限，如果参考值是 0，死区设定为 140 MVar，即当无功功率交换超过+140 MVar 时，RPC 切除一台滤波器；低于−140 MVar 时，投入一台滤波器。

（二）控制系统分层

所谓“直流输电控制系统的分层结构”，是将直流输电换流站和直流输电线路的全部控制功能按等级分为若干层次而形成的控制系统结构。复杂的控制系统采用分层结构，可以提高运行的可靠性，使任一控制环节故障所造成的影响和危害程度最小，同时还可提高运行操作和维护的方便性和灵活性。其主要特征是：①各层次在结构上分开，层次等级高的控制功能可以作用于其所属的低等级层次，且作用方向是单向的，即低等级层次不能作用于高等级层次；②层次等级相同的各控制功能及其相应的硬、软件在结构上尽量分开，以减小相互影响；③直接面向被控设备的控制功能设置在最低层次等级，控制系统中有关的执行环节也属于这一层次等级，它们一般就近设置在被控设备近旁；④系统的主要控制功能尽可能地分散到较低的层次等级，以提高系统可用率；⑤当高层次控制发生故障时,各下级层次的控制能按照故障前的指令继续工作,并保留尽可能多的控制功能。

按照层次结构的概念,直流系统中所有的控制装置应该根据双极功能(最高级)、极功能、阀组功能(最低级)进行分组。为了减小故障影响范围,各控制功能应该放到尽可能低的层次上,特别是与双极功能有关的装置应减至最小,即把这些装置尽可能地分设到极功能层次中去。对于那些不能分设到极功能层次中的与双极功能有关的装置,只好放在双极层上,但应进行耐故障设计,以便当发生任何单重电路故障时,不致使两个极都受到扰动。层次设计时应注意使与一极有关的电路故障和测量装置故障不会通过极间信号交换接口或者其他控制层次间的信号交换接口,或通过装置的电源而转移到另一极。当双极中一极的控制装置因维修而退出运行时,不应导致正在运行的另一极的任何控制模式受到限制或特性失效。因此,应当将极和阀组极的控制功能设计成使装置因维修而退出运行时,对仍旧在运行的另一极设备的运行限制尽可能地少,并使其控制模式或特性不能用的时间尽可能地短。

现代直流输电控制系统一般设有6个层次等级,从高层次等级至低层次等级分别为系统控制级、双极控制级、极控制级、换流器控制级、单独控制级和换流阀控制级。当每极只有一个换流单元时,为简化结构,极控制和换流器控制可以合并为一个级;当只有一条双极线路时,通常将系统控制和双极控制合并为一级。在直流系统的各换流站中,需指定其中的一个站为主控站,其他的为从控站。系统控制级和双极控制级设置在主控站中,主控站通过通信系统发出控制指令,协调各换流站的运行。

1.换流阀控制级

换流阀控制级为对各个阀分别设置的等级最低的控制层次,由地电位控制单元(通常称为“VBE”)和高电位控制单元(通常称为“TE”)两部分构成。其主要功能为:①将处于低电位的换流器控制级送来的阀触发信号进行变换处理,经光电隔离/磁耦合或光缆送到高电位单元,再变换为电触发脉冲,经功率放大后分别加到各晶闸管元件的控制级;当采用光直接触发的晶闸管换流阀时,由地电位光缆直接送到高电位后无须再转换为电信号,而是直接触发晶闸管阀,从而简化了换流阀的触发系统,大大减少了电子元件的数量,这对于降低维护要求和提高可靠性均有好处。②晶闸管元件和组件的状态监测包括阀电流过零点和高电位控制单元中直流电源的监视。监测信号经电隔离或光缆传送到地电位控制单元,经处理后进行控制、显示、报警等(这部分设备通常称为“TM”)。

2.单独控制级

换流站中,除换流器外,其他各项设备还分别设置有自动控制、操作控制和状态监测设备，它们与换流阀控制级同属于最低层次的控制级别。单独控制功能包括:换流变压器分接开关切换控制,换流阀冷却及辅助系统的控制和监测,直流和交流开关断路器、隔离开关的操作和状态监视,直流滤波器组的投切操作和监测,交流滤波器组和无功补偿设备的投切操作、自动控制和状态监测,等等。

3.换流器控制级

换流器控制级是控制直流输电一个换流单元的控制层次,用于控制换流器的触发相位。其主要控制功能有:换流器触发相位控制,定电流控制,定关断角控制,直流电压控制,触发角、直流电压、直流电流最大值和最小值限制控制,以及换流单元闭锁和解锁顺序控制,等等。

4.极控制级

极控制级为控制直流输电一个极的控制层次。双极直流输电系统要求,出现一极故障时,另一极能够单独运行,并能完成主要的控制任务。因此,要求两极各自的极控制级完全独立并设置尽可能多的控制功能。主控站的极控制级还担负、协调着控制站同一极的极控制级工作的任务。极控制级的主要功能有：①经计算向换流器控制级提供电流整定值，控制直流输电的电流。主控站的电流整定值由功率控制单元给定或人工设置,并通过通信设备传送到从控站。②直流输电功率控制根据功率整定值和实际直流电压值决定直流电流的整定值。功率整定值可由双极控制级给定,也可由人工设置。功率控制单元设置在主控站内。③极启动和停运控制。④故障处理控制,包括移相停运和自动再启动控制、低压限流控制等。⑤各换流站同一极之间的通信,包括电流整定值和其他连续控制信息的传输、交/直流设备运行状态信息和测量值的传输等。

5.双极控制级

双极控制级为双极直流输电系统中同时控制两个极的控制层次,采用指令的形式协调控制双极的运行。其主要功能有:①根据系统控制级给定的功率指令,决定双极的功率定值;②对功率传输方向的控制;③对两极电流平衡的控制;④对换流站无功功率和交流母线电压的控制等。

6.系统控制级

系统控制级为直流输电控制系统中级别最高的控制层次,主要功能包括:①与电力系统调度中心通信联系,接受调度中心的控制指令,向通信中心输送有关的运行信息;②根据调度中心的输电功率指令,分配各直流回路的输电功率,当某一直流回路发生故障时,将少送的输电功率转移到正常的线路,尽可能地保持原来的输电功率;③紧急功率支援控制;④潮流反转控制;⑤各种调制控制,包括电流调制和功率调制控制,用于阻尼交流系统振荡的阻尼控制,交流系统频率或功率/频率控制等。

(三)保护功能要求

1.保护的配置原则

按保护所针对的情况,配置的保护分为以下几类:

(1)第一类:针对故障的保护,如阀短路保护、极母线保护。

(2)第二类:针对过应力的保护,如过压、过载。

(3)第三类:针对器件损坏的保护,如电容器不平衡保护、转换开关保护。

(4)第四类:其他保护,如针对功率振荡的保护等。

针对不同类型的保护,应采用不同的配置原则来满足保护的安全性。对于第一类保护,其保护区应尽量配置两种不同原理的保护措施,互为后备。完成双套配置后,正常运行时保护区内应存在双套主保护、双套后备保护。对于第二、三、四类保护,应至少配置一种原理的保护。完成双套配置后,正常运行时保护区内至少应存在双套保护。

根据被保护对象和区域的需要,应在一次系统中设置测量点,同时也划分被保护的区域。保护区域一般分为换流阀区、极母线区、极中性母线区、双极以及接地极线连接区、接地极线路区、直流线路区、金属回线区、直流滤波器区(保护功能在直流滤波器的保护中实现)。

直流保护系统采用微机保护,主要由以下几部分组成:①直流保护,包括换流器保护、极保护、双极保护和直流场非电量保护;②换流变压器保护,包括电气量保护和非电气量保护;③交流滤波器保护;④直流滤波器保护。

直流保护的动作后果包括:①告警;②启动极控系统切换;③移相并闭锁换流器;④跳换流变压器交流侧断路器;⑤极隔离;⑥启动断路器失灵保护;⑦交流断路器合闸锁定;⑧增大熄弧角;⑨强制额定功率运行;⑩功率回降;启动直流线路故障恢复;⑪功率下降并重启;⑫双极电流平衡;⑬禁止投旁通对(逆变器);⑭封 VBE 点火脉冲(整流器);⑮换流器禁止解锁;⑯重合 NBS;⑰重合 NBGS。

2.直流保护配置的基本原则

保护的配置应该能够检测到所有可能的、致使设备处于危险情况中的,以及对于系统运行来说不可接受的故障和异常运行情况。发生故障的设备会被切除,或者通过控制的方法减轻对设备的危害程度。直流保护应为多重化配置,并有很强的自检功能,所有可能的故障必须有两台保护装置能够保护到。必须采取措施以避免一侧换流器故障时引起另一侧换流器的保护动作。保护应尽量不依赖于两端换流站之间的通信。保护的区域要重叠,对于每种故障,要有一个范围明确的快速保护作为主保护,一个范围扩大的慢速保护或灵敏度降低的保护作为后备保护。如果可能,主后备保护最好采用不同的原理。

保护的时序和配合应该尽量避免双极停运情况的发生。每套冗余保护的输入、电源等装置应该是完全分开和独立的。跳闸回路应为双跳圈、双操作电源(即独立的)。保护的配置应该考虑到试验和维护时不会影响系统的运行,便于保护措施的投入与退出。直流保护系统应具有很强的抗电磁干扰和谐波干扰的性能。

双极保护应该遵守下面几条基本原则:

(1)总则:在任何情况下,尽量不造成不适当的双极停运。

(2)双极系统中对两个单极的保护必须完全独立,各极的设备、保护装置、测量元件、保护操作应独立。

(3)各极应该独自配置一套关于双极部分的保护,并有各自的测量回路。

(4)本极关于极或双极部分的保护无权跳开另外的极。

(5)双极部分的故障引起保护动作时,不应立即停运双极。

(6)仅双极站内直接接地运行时,某一极的故障必须停运双极,以避免较大的电流流过站接地网。

一套直流保护可完成所有的保护功能,两套直流保护可完成完全双重化的保护配置。直流保护配置如表 4-1 所示。

表 4-1　直流保护配置

序号	保护区域	保护名称
1	换流阀保护	阀短路保护
		过电流保护
		换相失败保护
		阀直流差动保护
		直流过电压保护
		换流变压器阀侧中性点偏移保护
		交流欠压监视
2	极保护	(过电压)接地极引线开路保护
		直流极差动保护
		直流极母线差动保护
		直流中性母线差动保护
		直流谐波 50 Hz 和 100 Hz 保护
3	双极保护	双极中性母线差动保护
		站接地过流保护
		站接地过流后备保护
		接地极引线不平衡监测保护
		接地极引线过负荷保护

续表

序号	保护区域	保护名称
3	双极保护	中性母线接地开关保护
		中性母线接地开关后备保护
		大地回线转换开关保护
		大地回线转换开关后备保护
		金属回线横差保护
		金属回线接地保护
		金属回线转换开关保护
		金属回线转换开关后备保护
		金属回线纵差保护
4	线路保护	交直流碰线保护
		直流线路纵差保护
		直流线路低电压保护
		NBS 开关保护
		潮流反转保护
		低电压变化率保护
		行波保护

3. 换流变压器保护配置的基本原则

换流变压器的保护包括电气量保护和非电量保护。电气量保护采用双重化配置,以实现“二取一”的动作逻辑;非电量保护也采用双重化配置,每套保护内部采用“三取二”的动作逻辑。具体保护配置包括:①换流变压器引线差动保护;②换流变压器差动保护;③换流变压器零序差动保护;④换流变压器过励磁保护;⑤换流变压器过流保护;⑥换流变压器零序过流保护;⑦换流变压器引线过流保护;⑧引线过电压保护;⑨换流变压器饱和保护;⑩换流变压器引线和换流变压器差动保护;⑪换流变压器绕组差动保护。

4.交流滤波器保护配置的基本原则

银东±660 kV 直流输电工程直流换流站采用两套交流滤波器保护实现完全双重化的保护配置。其中,大组母线保护包括:①交流滤波器母线差动保护;②交流滤波器母线过电压保护;③小组断路器失灵保护。小组滤波器保护主要有:①高压电容器不平衡保护;②交流滤波器小组差动保护;③交流滤波器电容器过流保护;④交流滤波器零序保护;⑤电阻器谐波过负荷保护;⑥交流滤波器失谐监视。

5.直流滤波器保护的配置原则

银东±660 kV 直流输电工程直流换流站采用两套直流滤波器保护实现完全双重化的保护配置。保护措施包括:①过负荷保护;②差动保护;③高压电容不平衡保护。

第二节　HCM200 设备

一、概述

如图 4-5 所示，在高压直流输电工程中,HCM200 系统是控制保护系统的核心设备。它处于控制和保护系统的中间层,即 LAN 层和现场总线层的中间位置。在直流输电工程中，控制和保护的关键功能都由 HCM200 系统来实现。

HCM200 是一个高性能、模块化的数字控制系统,通过图形化的界面灵活配置。它采用多处理器并行技术,使开环和闭环控制中的数学运算、通信、持续数据交换等任务得到快速可靠的处理。

HCM200 系统采用了开放的、标准化的网络协议,可以方便地与其他自动化系统和现场设备组成网络。

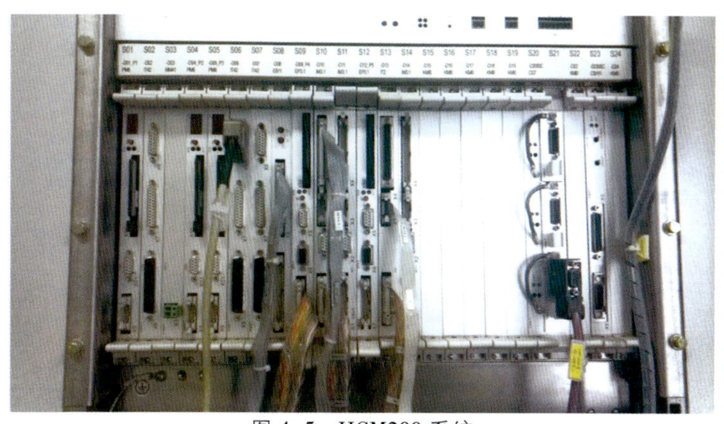

图 4-5　HCM200 系统

二、HCM200 的硬件模块

HCM200 系统的硬件由不同的模块组成。根据具体应用对 I/O、通信连接、计算能力的具体需求,可确定实际的 HCM200 应用系统所需要的硬件模块的类型和数量。HCM200 系统包含下列硬件模块:

(1)CPU 模块:PM6 是计算能力极高的 64 位处理器模块,可用于各种开环和闭环控制场合。其允许的极限运行周期为 0.1 ms,一个典型的应用配置周期约为 0.5 ms。

(2)通信缓冲模块:当多个处理器模块在同一个机箱内运行时,必须在处理器之间加入 MM41 模块,完成处理器之间的数据交换。

(3)输入/输出模块:IT42 模块为 PM6 模块提供模拟量、开关量、增量编码信号的输入/输出扩展;EB11、EM11 模块为 HCM200 提供另外的模拟量、开关量、增量编码信号的输入/输出扩展方式。

(4)通信模块:应用通信模块(CSxx)和通信子模块可以实现功能强大的各种连接,如 PROFIBUS、工业以太网、机箱间的光纤通信。CS7 模块是通信子模块 SS4(支持 DUST/USS 协议)、SS52(PROFIBUS 现场总线接口)的支持模块。CS12 和 CS22 模块用于机箱间的光纤连接。CSH11 模块支持工业以太网协议,可实现 HCM200 系统与工业以太网的连接。

(5)特殊模块:高压直流输电应用专用模块包括信号处理模块 EP31,EP31 的插入式扩展模块 IT2、IM31, 用于特殊场合的激光模块 LM31、IO31。

(6)机箱:HCM200 系统采用的是 24 槽位机箱,通过两条背板总线实现高速数据传输,多个机箱可以通过光纤连接,组成多机系统,完成复杂的任务。有三种电压等级的电源可供选择,分别是 24 V 直流电源、110 V 直流电源和 115 V/230 V 交流电源。

(一)PM6 模块

PM6 模块是 HCM200 系统中的主处理器模块, 不仅具有一般处理器模块的运算和控制功能, 还具有管理和配置机箱中其他各种模块,以及实现模块间数据交换(包括没有管理功能的 PM6)的功能。具有管理和配置功能的 PM6 模块必须位于机箱的第一个插槽,否则整个机箱将无法正常运行。

PM6 是 PM5 的升级,性能上相当于 PM5 的 3 倍,功能完全兼容。

PM6 需要使用 L 总线和 C 总线，必须配置在 HCM200 系统中具有这两种总线的机箱中使用。PM6 需要强制风冷,必须配置在具有强制风冷功能的机箱中。通过 L 总线和 C 总线,PM6 可以与其他模块完成数据交换。一个 HCM200 机箱(SR24)中最多可以同时配置 8 个 PM6 模块。

(二)IT42 模块

IT42 模块是 PM6 处理器模块的一种扩展控制模块，必须配合 PM6 使用。IT42 扩展模块通过一个 96 针插针连接器插在 P32 处理器板上。扩展模块的电源从处理器板上获得。必要时,另外一个 IT42 或 IT41 扩展模块也能够插在 IT42 扩展模块上。除了与 PM6 连接的 96 针 LE 总线接口和外部电缆接口外,IT42 没有其他可以与机箱连接的接口。

当 IT42 模块与 PM6 模块配合使用时，可以完成的功能有模拟量输入、模拟量输出、开关量输入、开关量输出。

所有现场级输入/输出信号都不直接与 IT42 相连，而是通过接口模块间接连接。作为机械连接元件的接口模块同时也对引入的现场信号进行电气调理。

IT42 模块的具体功能包括:

(1)模拟输入:4 路 ADC 模拟量输入通道,允许的输入信号电平范围为±10 V;采用差分输入方式,提高共模抗干扰性能,无隔离。

(2)模拟输入:4 路 VFC 模拟量输入通道,允许的输入信号电平范围为±10 V;采用差分输入方式,提高共模抗干扰性能;带压频转换器隔离的模拟量输入。

(3)模拟输出:4 路 DAC 模拟量输入通道,输出信号电平范围为±10 V,电流范围为±10 mA。

(4)开关量输入:16 路开关量输入通道,无隔离。

(5)开关量输出:16 路开关量输出通道,无隔离;需要通过输出接口供给 24 V 电源;采用电子式短路保护。

(三)MM41 模块

MM41 是 HCM200 系统中的通用存储器,主要用于缓冲系统总线上的数据,协助完成处理器模块之间的数据交换。MM41 仅能配合 32 位处理器模块 PM 系列和 PT 系列使用。如果 HCM200 系统中的 CPU 模块超过一块,则需要配置 MM41 模块。MM41 模块必须位于第一个 CPU 模块与第二个 CPU 模块之间。

MM41 需要使用 L 总线和 C 总线,必须配置在具有这两种总线的机箱中使用。MM41 中可以使用的存储器空间为 4 MB,L 总线和 C 总线分别占 2 MB。这些存储器空间既可以按字操作,也可以按字节操作。

MM41 具有故障信号输出功能,通过模块上的继电器输出总线信号 *RDYIN 的状态。发生故障时,继电器接点处于闭合状态。信号输出持续时间最短为 150 ms,可以扩展设置为最大 300 ms。

(四)EB11 模块

EB11 模块是 HCM200 系统中的一种 I/O 模块，用于开关量的输入、输出。EB11 模块通过背板和 L 总线相连,模块的电源从机箱背板上获得。

EB11 面板上有两个 40 线的扁平电缆连接器 X5 和 X6，它们各有 4×10 个引脚。10 个引脚为一组单元,这四组单元中各有两个输入和输出单元。每组 10 个引脚中包括 8 个信息位和一个外部电源 P24 及地。

面板上带有 LED 的按键用于观察输出禁止信号,并对输出禁止信号进行手动复位(按键功能)。按键 S1 分配给连接器 X5,按键 S2 分配给连接器 X6。过负荷时,输出禁止产生。LED 按键只能用来判定一个或多个过负荷输出位在哪一个连接器上。当 EB11 与 PM6 配合使用时,可以完成开关量输入/输出功能。

所有现场级输入/输出信号都不直接与 EB11 相连,而是通过接口模块间接连接。接口模块作为机械连接元件,同时也对引入的现场信号进行电气调理。EB11 模块的具体功能包括:

(1)开关量输入:16 路开关量输入通道,无隔离。

(2)开关量输出:16 路开关量输出通道,无隔离;需要通过输出接口供给 24 V 电源;热过负荷(如短路)保护。

(五)CS7 模块

CS7 模块是 HCM200 系统中的通信母板，其本身并不具有通信功能,但通过插入通信模块 SS4、SS52 等,可以实现不同的通信功能。机箱内的处理器与外部系统的通信是通过这些插件板来处理的。这些通信模块针对特定通信协议和接口而设计。

CS7 仅需要使用 L 总线，可以配置在 HCM200 系统的任意一种机箱中使用。通过 L 总线，CS7 可以与 PM 系列处理器模块完成数据交换。CS7 能够单独和 32 位处理器或 16 位处理器一起使用，也可以同时和它们一起使用。

CS7 具有三个扩展插槽，分别命名为 X01、X02、X03。因此，其最多可以插入三块通信模块。CS7 具有三个双口 RAM 空间，分别与三个插槽对应。每个存储器空间大小为 16 KB。通过双口 RAM，CS7 可以与通信模块交换数据。

CS7 具有指示灯和测试孔，可供状态判断及测试使用。每个插槽分别对应两个指示灯和两个测试孔。指示灯状态由通信模块控制。一般情况下，H10、H20、H30 绿色指示灯长亮表示通信模块已配置完成；H11、H21、H31 橙色指示灯插入 SS4 时闪烁表示正在通信，插入 SS52 时长亮表示通信正常。

短接测试孔可以复位对应插槽中的通信模块。复位操作不影响其他任何模块。复位功能仅可用于测试软件，如查找和排除故障。正常运行时，不允许进行复位操作。

CS7 的前面板必须通过固定螺钉或其他方式与机箱外壳(屏蔽地)连接。已使用的插槽必须用电缆连接 CS7 和通信模块的前面板，以保证通信模块接地效果良好。未使用的插槽必须安装空面板，以防止灰尘进入。需要注意的是，X03 插槽的尺寸与其他两个不同。

(六)SS4 模块

SS4 模块是用于 DUST 协议的接口板。由于其结构特殊，可以插入 CS7 模块三个插槽中的任意一个。每个 CS7 模块最多可以插装三块 SS4 接口板。

SS4 接口板具有两个串行接口，其中一个串口可以运行 DUST 协议，另外一个串口用作维护接口，通过该接口在后台运行一个监视程序(Hex Monitor)。这两个串口使用的是同一个 26 针 D 型连接器 X5。DUST 接口可配置 DUST1 协议。

SS4 接口板的两个串行接口均为 RS232(V24)接口。如果 DUST 协议需要采用其他的物理接口，那么可以通过使用混合接口适配器连接到 40 针 DIP 插座的 X51 上来实现。如果需要带握手信号的 RS232 接口，则必须插上 SS2 混合接口。因此，连接器 X5 与标准 RS232 接口的管脚分配不同。

从 SS4 接口板到 CS7 板的连接通过 48 线并行接口实现。除了数据总线、地址总线和控制总线外，板子上的+5 V、+15 V、−15 V 电源也通过该接口提供。与处理器板之间的数据传输通过 CS7 板上的一个 16 KB 双端口 RAM 来实现。CS7 插件给每个插槽提供的测试孔和指示灯各两个。

除了机箱电源的复位功能之外，还可以通过短路相应的两个测试孔使接口模块复位，但不影响机箱中的其他模块。该功能用于软件测试及故障查询，在正常运行时不允许通过短接测试孔复位。

接口模块上用了四个指示灯来指示两个串行接口的发送和接收通道的信号电平。指示灯用来进行诊断和启动指示，当模块插入机箱并正常运行时，将看不到这些指示灯发光。

接口板上有一个 80 芯的测试接口 X20，用于使用逻辑分析仪进行硬件诊断。硬件功能通过"看门狗"程序来进行监视。

DUST 接口是标准的 RS232(V.24)接口。如果需要不同的物理接口，则可以将相应的 HCM200 混合接口电路插入 40 针插座 X51 中来实现。

(七)SS52 模块

SS52 模块是实现 PROFIBUS-DP 协议的通信接口板，与作为母板的 CS7 板配合使用，根据实际配置可将它插入 CS7 板三个插槽之中的任何一个。每个 CS7 板最多可插入三块接口板。

SS52 有一个遵循 PROFIBUS 标准的 RS485 接口，该接口经光耦隔离，连至 9 针 D 型插座 X5。接口板与 CS7 之间的连接通过 48 线连接器 X1 实现，数据线、地址线、控制总线以及+5 V、+15 V、−15 V 电源都通过这个连接来建立。接口板与 HCM200 处理器板之间的数据传输通过每个槽位对应的 16 KB 双口 RAM 来实现。

在母板 CS7 的前面板上，对应于每个插槽，分别提供了两个测试孔和两个指示灯。除了机箱电源的复位功能之外，还可以通过短路相应的两个测试孔使接口模块复位，但不影响机箱中的其他模块。该功能用于软件测试及故障查询，在正常运行时不允许通过短接测试孔复位。

PROFIBUS 的运行状态由接口板上的指示灯 H1 来指示，在插入机箱正常运行时,该指示灯不可见。接口板上有一个 80 芯的测试接口 X2,用于使用逻辑分析仪进行硬件诊断。总线的连接可以通过 PROFIBUS 总线终端或 PROFIBUS 总线连接器连至 9 芯连接器 X5 来实现。当使用 RS485 总线终端时,必须考虑电缆电容,它依赖于波特率。总线终端同总线连接器一样,都有一个可以切换的终端电阻。

在 SS52 上,有一个十六进制监视器(Hex Monitor)在后台并行运行,通过它可装入 PROFIBUS 参数数据。当产生故障或错误时,能通过十六进制监视器进行诊断,从而使操作人员能够快速定位并排除故障。监视器接口是一个不可改动的 RS232 接口，由于空间有限，该接口和 PROFIBUS 接口使用同一个连接器。

(八)CS12 模块

CS12 模块适用于机箱之间的通信,需要通过光纤连接,从模块 CS22 中完成通信。作为通信的主模块,CS12 具有同步 CS22 的功能，保证及时、准确的数据传输。CS22 配置在另一个机箱中。

CS12 需要使用 L 总线和 C 总线,必须配置在具有这两种总线的机箱中使用。通过 C 总线,CS12 可以与 PM 系列处理器模块完成数据交换。CS12 中可以使用的存储器空间为 128 KB，机箱内的所有模块都可以访问。CS12 具有仲裁功能，可保证同一时刻只允许一个模块访问存储器空间。

通过特殊设计的扩展模块 ICS 1,CS12 最多可以提供 8 对光纤接口,这时 CS12 提供的光纤接口不能使用。ICS 1 需要连接到 CS12 的 X3 接口。CS12 最多可以扩展两块 ICS 1,CS13 和 CS14 分别为扩展一块和两块 ICS 1 后的相应型号。

光纤接口 X5、X6 分别为数据发送和数据传输接口。光纤接口配套使用的光纤规格为:玻璃材质，62.5/125 μm,ST 型接头,单芯或双芯多模光纤。推荐使用双芯光纤,因其便于组网。光纤最大长度为 500 m。

(九)CS22 模块

CS22 通信插件是通过光缆与 CS12 主模块相连接的从电路板,可以通过面板上的两个光缆接头与主板相连。CS22 模块适用于机箱之间的通信,需要通过光缆连接主模块 CS12 才能完成通信。作为通信的从模块,CS22 接收 CS12 的同步信号,以保证及时、准确的数据传输。

CS12 配置在另一个机箱中。通过特殊设计的扩展模块 ICS 1,CS12 最多可以提供 8 对通信接口,模块的型号相应改为 CS13 和 CS14。显然,CS13 和 CS14 都可以作为主模块使用。

CS22 中可以使用的存储器空间为 128 KB,机箱内的所有模块都可以访问。CS22 具有仲裁功能,保证同一时刻只允许一个模块访问存储器空间。CS22 需要使用 L 总线和 C 总线,必须配置在具有这两种总线的机箱中使用。通过 C 总线,CS22 可以与 PM 系列处理器模块完成数据交换。

光纤可以插入面板上的两个接口 X5、X6 而与主板连接,光纤接口 X5、X6 分别为数据发送和数据传输接口。光纤接口配套使用的光纤规格为:玻璃材质,62.5/125 μm,ST 型接头,单芯或双芯多模光纤。推荐使用双芯光纤,因其便于组网。光纤最大长度为 500 m。

(十)EP31 模块

EP31 是 HCM200 系统中的处理器模块。EP31 适用于快速闭环控制和数字计算,以及与直流输电系统的换流器有关的特殊控制功能,包括门控单元和快速模拟信号处理。EP31 内含摩托罗拉公司生产的 DSP56002 处理器,可以满足快速闭环控制和数字计算的要求。EP31 的最小响应周期为 100 μs,适应目前大多数场合的需要。

EP31 仅需要使用 L 总线,可以配置在 HCM200 系统的任意一种机箱中使用。通过 L 总线,EP31 可以与其他插件交换数据,如 PM 系列处理器插件、EB11 等 I/O 插件、CS7 等通信插件。

(十一)IT2 模块

IT2 模块是信号处理器模块 EP31 的一块嵌入模块,必须配合 EP31 使用。除了与 EP31 连接的接口和外部电缆接口外,IT2 没有其他可以与机箱连接的接口。当 IT2 与 EP31 配合使用时,可以完成以下功能:①模拟量输入;②二进制输出;③点火脉冲序列诊断输出。

IT2 模块采用 9 路模拟量输入通道,允许的输入信号电平范围为±10 V。IT2 模块采用差分输入方式,提高了共模抗干扰能力;允许输入不同形式的信号,可灵活适应不同的系统。输入通道中的 5 阶巴特沃斯低通滤波器可有效滤除干扰信号,保证模/数(A/D)转换的输出准确。

滤波器的截止频率可以根据用户要求而改变。无特殊要求时,出厂参数为 379 Hz。有特殊要求的,应在订货时提出。可用的截止频率有 54.9 Hz、78.1 Hz、117 Hz、172 Hz、258 Hz、379 Hz、549 Hz、781 Hz、1.1 kHz、1.72 kHz、2.58 kHz、3.79 kHz、5.49 kHz、7.81 kHz、11.7 kHz, 可选范围较宽,能满足实际需要。

ADCs 的最大采样频率为 100 kHz,转换时间大约为 8 μs,分辨率为 12 位。A/D 转换由 EPx 启动。利用同样的方法,EPx 能够读取转换状态,从而控制转换所需的时间。

针对实际应用的特点,每三路模拟量输入通道作为一组,滤波器的截止频率一致,即通道 1~3、通道 4~6、通道 7~9 共三组,截止频率分别一致,可以设置为不同的参数。因此,实际使用时,需要按组别接入三相同步电压信号,不可接错,否则将导致严重的后果。

6 路二进制输出通道 100~200 ns 之间的传播延迟确保了阀的正确点火。IT2 模块不具备电隔离功能,需要通过接口 X3 供给 24 V 电源。二进制输出通道具备特定功能,即作为点火脉冲的输出通道。开关量点火脉冲驱动输出在高和低("推-拉-驱动")两种状态下对电流进行两向控制,最大电流为 50 mA。采用反逻辑设计,保证在发生故障时不输出有效信号,以免导致误触发。

IT2 模块具有短路和过载保护功能,最高限流为 80 mA。点火脉冲输出可再转换回内部逻辑电平,并且可以进行回读,与位组合格式对比达到检测短路的目的。模块还具有输出信号故障检测的功能。

IT2 板有一个点火脉冲序列诊断输出, 使得点火脉冲序列可以在信号模拟输出端上得到。此输出可用作故障记录器或观测启动,直接与 EPx 的 LCA 电路相连。只有在 LCAs 配置为使用点火脉冲序列诊断输出时才起作用。竖琴信号由实际输出的点火脉冲信号经过特殊变换得到,适用于在线观察和检测实际点火脉冲的质量,是监测手段之一。竖琴信号的输出电平范围为±10 V,允许的输出电流为 10 mA。

(十二)IM31 模块

IM31 是处理器模块 EP31 的一块专用插件,必须配合 EP31 使用。除了与 EP31 连接的接口和外部电缆接口外,IM31 没有其他可以与机箱连接的接口。IM31 在与 EP31 配合使用时可以完成以下功能:①模拟量输入;②开关量输入;③开关量输出;④过零点检测;⑤熄弧角测量;⑥通信;⑦诊断。

IM31 具有 9 路模拟量输入通道,允许的输入信号电平范围为±10 V。

IM31 采用差分输入方式,提高了共模的抗干扰能力;允许输入不同形式的信号,可灵活地适应不同系统。输入通道中的低通滤波器可以有效滤除干扰信号,保证 A/D 转换输出准确。还可以根据现场实际要求,改变 EP31 的程序,选择合适的滤波器截止频率,操作方便快捷。调整后,需要重新启动程序。可选择的截止频率为 80.9~10396 Hz,范围宽,可以较好地满足实际需要。

模拟量输入通道 1~3 还可以作为过零点检测需要的同步电压输入通道来使用。IM31 具有 16 路开关量输入通道,具备光耦隔离功能,需要通过输入接口供给 24 V 电源。输入通道 1~12 还可以作为电流截止信号(EOC)的输入通道使用。

检测三相线电压和相电压的正负过零点共 12 个。使用此功能时,需要在模拟量输入的前三个通道分别按相序输入 U、V、W(即 A、B、C)三相同步电压。熄弧角测量功能需要输入电流截止信号 EOC。EOC 信号从 VBE 装置输入,必须送到开关量输入的前 12 个通道。此时,其他开关量输入通道可以正常使用。

IM31 具有一个 RS232 串行通信接口,符合 V.24 协议,可由 EP31 程序配置使用。此通信接口不能与 EP31 模块的通信接口同时使用,否则将导致严重的后果。

(十三)CSH11 模块

CSH11 模块是 HCM200 系统中的工业以太网通信板,采用 IEEE802.2 标准。通过 CSH11 模块,HCM200 系统可以完成与工业以太网、SINEC H1/H1FO 的通信。CSH11 的通信功能实际上是通过嵌入的 CP1470 板来实现的。

CSH11 需要使用 L 总线和 C 总线, 必须配置在具有这两种总线的机箱中使用。通过 C 总线,CSH11 可以与 PM 系列处理器模块完成数据交换。

CSH11 支持西门子公司的 SINEC AP 应用协议。借助 SINEC AP 协议,CSH11 不仅可以与西门子公司的大多数产品通信，而且可以和第三方设备通信。这些第三方设备必须支持 SINEC AP 协议。

CSH11 的以太网接口为高性能移动前端框架(AUI)类型。与采用 RJ45 接口的设备通信时,需要第三方设备转接。已知的第三方设备有德国赫斯曼(Hirschmann)公司的 ASGE。通过模块化的插件,ASGE 可以支持不少于 4 个 AUI 接口的转接。

CSH11 必须使用软件 NML 配置，并下载配置参数后才能使用。NML 可以配置 CSH11 的传输通道、通道中设备的主从关系、以太网址和数据传送时遵循的标准类型(传输层)。相应地,在处理器 PM 系列的程序中,也必须配置 CSH11 的通道、主从关系、以太网址和传输层的参数。这些参数必须与 NML 中的配置一致，否则不能正常工作。CSH11 支持的传输层有 SINEC AP、ISO/OSI 8073、IEEE 802.3、IEEE 802.2。

NML 不仅可以配置 CSH11,还可以下载参数和诊断故障。NML 需要运行在 IBM PC 兼容机上,操作系统为 DOS。CSH11 的配置接口是异步串行口,接口类型为 RS232 或 TTY(无源型),波特率为 9600 bps,可以连接 PG750/770 和 IBM PC 兼容机。

为了保证抗干扰性能,AUI 接口的通信电缆必须使用双屏蔽双绞电缆,电缆最大长度不超过 50 m。

CSH11 具有转换开关和复位按钮，用于控制 CSH11 的工作状态。CSH11 还具有两个 LED 指示灯,用于指示 CP1470 的工作状态。

SINEC H1 总线接口 X6 用于完成工业以太网、SINEC H1/H1FO 的通信。电缆连接到 SINEC H1 收发器的 15 针 D 型插座 X6 上,电缆必须用锁紧机构固定。电缆包含 4 对屏蔽线,每对线有另外的整个屏蔽层。收发器电缆的最大长度不超过 50 m。

CSH11 提供了一个串行异步接口用于进行就地参数设置和管理，该接口为 25 针 D 型插座，可以连接 PG750/770 以及其他 AT 兼容的 DOS PC。其波特率为 9600 bps,SINEC NML 通过该接口对 CP1470 进行软件配置。该接口能够以 RS232 或 TTY 的模式工作,TTY 接口为无源接口。电路板也通过该接口设定参数(设置以太网地址,定义通信连接等)。

（十四）各模块之间的关系

各模块之间的关系有以下几个层次：

1.处理器模块之间的关系

（1）HCM200 系统是一个多主处理器并行系统，各处理器模块功能对称，没有主从之分。处于第一槽位的处理器模块在总线使用上具有优先权，同时向整个系统发出同步时钟。

（2）不同的处理器模块用来实现不同的用户功能，处理器之间的通信通过公用内存实现数据交换。

2.处理器模块和外围插件的关系

（1）在处理器模块相对于它右面的外围模块起到主控制模块的作用，其外围模块相当于它的可通过系统总线访问的外部资源。

（2）通信子模块与处理器之间的关联采用双口 RAM 机制。对于一个系统来说，通信插件的种类和数量的配置是有限制的，限制来源于处理器插件双口 RAM 的资源大小。

3.冗余机制

（1）在直流输电应用中，HCM200 系统构成双机“热备”模式，具体实现是通过 CS12 模块、CS22 模块、冗余切换装置。

（2）双机“热备”模式的运行是根据主动冗余原理（在发生故障时，无扰动的自动切换）。根据这个原理，无故障时，两个系统都处在运行状态。如果发生故障，正常工作的系统可以独立完成对整个过程的控制。为了保证无扰动的切换，必须保证两个系统链路之间快速、可靠的数据交换。为此，每个系统必须做到运行相同的用户程序、相同的数据块、相同的映像内容、相同的内部数据等，只有这样才能确保两个系统随时更新内容、保持一致，在一个系统发生故障时，另一个系统可以承担控制任务。

三、其他硬件模块

本部分以极控盘柜为例，说明除了盘柜内通用的板卡模块之外，其他硬件模块的基本功能和连接结构等。

（一）COL 模块功能介绍

高压直流系统中最关键的部分是控制保护系统，控制保护系统是实现直流输电正常启动与停运、正常运行、运行参数改变与自动调节、故障处理等的重要组成部分，其稳定运行与正确动作保障了直流输电系统的安全稳定和可控性。冗余技术是提高控制系统整体可靠性的重要手段，因此直流系统采用完全冗余的双重化系统，综合考虑系统运行的各种工况，定义各种控制设备状态和故障等级，以便有效地将故障系统切换下来，避免引起直流系统的扰动。在控制系统中，极控系统的切换功能在硬件上是由切换模块 COL 来实现的，其指示灯含义及定义故障如表 4-2 所示。

表 4-2 切换模块 COL 各指示灯的含义及定义故障

现场图片	LED	对应标签	描述
	1A：绿	Sw	Software_ok，系统软件ok，高电平有效
	2A：绿	Hw	Hardware_ok，系统硬件ok，高电平有效
	3A：绿	Ps	Powersys_ok，电源系统ok，高电平有效
	1B：绿	Vbe	VBE 系统 ok，点亮表示VBE 系统正常，灭为系统故障，高电平有效
	2B：绿	Run	模块 ok，点亮表示当前模块正常，灭为模块故障
	3B：绿	Sok	Sysok，点亮表示当前系统及 VBE 系统 ok，当任意系统故障时熄灭
	1C：红	Man	操作模式选择，点亮为自动模式（禁止切换）
	2C：红	Err	Sysfault，点亮表示相应控制及 VBE 系统故障
	3C：黄	Act	Sysactive，点亮表示当前控制系统为主动态系统

1.冗余的概念

极控系统被设计成两个完全相同的系统，两个系统互为热备用状态，但在同一时刻只能有一个系统参与实际的控制。冗余功能由切换逻辑模块和输出信号选择模块实现。在银东±660 kV 直流输电工程直流换流站控制系统中，极控系统是和 VBE 捆绑在一起的。在控制系统中，需要两个切换逻辑模块：一个用于极控系统 1，另一个用于极控系统 2。若有一个切换逻辑模块发生故障,就会自动切换到另一个极控系统。

在“系统切换自动”模式,切换逻辑模块能根据实际系统的故障检测情况自动切换到热备用系统。如果热备用系统也故障,换流器就会被ESOF停机,来自切换逻辑的跳闸信号被初始化。

在模块上有按钮可以选择实际系统,也可以选择“Manual Mode”。在这种模式下,如果实际的极控系统发生故障,切换逻辑就会跳开换流阀,其切换功能被闭锁。当极控通过PC设置为“就地操作”时,切换功能也被闭锁。

当两个系统的点火角差异达到一定值时,由屏上的按钮设置的人工切换模式就会被闭锁。正常工作时,模块为自动模式,系统1有效。通过按系统2模块上的“system selection”,控制能被切换到系统2。

2.模块的控制和指示

“System Selection”按钮有两种功能:一是按下时间短时能被切换到备用系统;二是按下超过3 s可在“Automatic System Selection”和“Manual Mode”之间切换。控制软件接收按钮的命令并产生必要的逻辑功能,发送切换命令或“Manual Mode”信号到切换模块。当“Manual Mode”有效时,信号“manual fixed system selection”由软件发送到告警系统,在两个模块上红灯被点亮;如果在实际系统中有故障发生,则不会产生系统切换,而是由ESOF执行停机。

在下列情况下这个按钮的功能被禁止:①本系统有故障(“System OK”灯熄灭);②点火角差异大(由软件实现闭锁功能);③就地操作有效时(通过就地计算机,由软件实现闭锁功能)。

3.信号说明

极控和VBE形成一个完整的单元,被COL控制,因此极控和VBE之间的信号没有切换。如果“System 1 active”为“高”,并且“System 1 passive”为“低”,那么VBE1的输出信号被解锁。

COL模块有驱动器输出指示“Module ok”,LFM有一个继电器接点连接到模块总线,发生故障时接点闭合。

(二)电源开关

如图4-6所示,控制系统共有7个电源开关,其具体作用如下:

(1)F18:交流电源空开,负荷有交流插座和门控灯。

(2)F14/15:直流 110 V 空开,分别取电于两路电源。

(3)F16:直流 110 V 外部信号电源。

(4)F140/141/142:直流 110 V 空开。其中,F140 空开接通 HCM 主机箱电源, 以及给主机箱的风扇和插槽内的板卡供电;F141 空开经电源模块 G11(见图 4-7)转换为 24 V 电,由 F211 和 F212 带负荷;F142 空开为 VBE 接口装置供电。

(5)F211/212:直流 24 V 空开,接通所有内部信号的电源;F212 带通信回路负荷。

图 4-6　电源开关

图 4-7　电源模块

(三)“二取一”逻辑模块

“二取一”逻辑模块(LFM)如图 4-8 所示,将 A、B 系统输入的信号进行逻辑选择,由主系统选择输出,主要包括极闭锁、极解锁、换流阀热字等重要信息。电源方面,F211 空开经 X111 端子排转接用 17 和 18 环接供+24 V,公共端接 57。故障监视方面,“二取一”逻辑模块正常工作时指示灯亮(接点断开),由 K5A 和 K5B 继电器监视,任一模块故障则K5A 和 K5B 灯亮。

图 4-8 “二取一”逻辑模块

(四)电压隔离模块

电压隔离模块如图 4-9 所示,对 IT42、EP31 板卡输出的模拟量信号进行隔离放大,使信号更稳定,主要用于触发角、熄弧角、触发信号、双极实际功率等模拟量的传输。

图 4-9 电压隔离模块

(五)OM2 模拟量“二取一”模块

OM2 模拟量“二取一”模块如图 4-10 所示,该模块选择主用系统的模拟量进行输出。模块工作电源为 24 V,从 11 和 12 端子输入,7 和 8 为 COL 模块的输出端,“System passive” 即系统无效时两端子为高电平,信号灯亮。1 和 4 为输出端子,A 系统主用选择 1-2、4-5 导通。

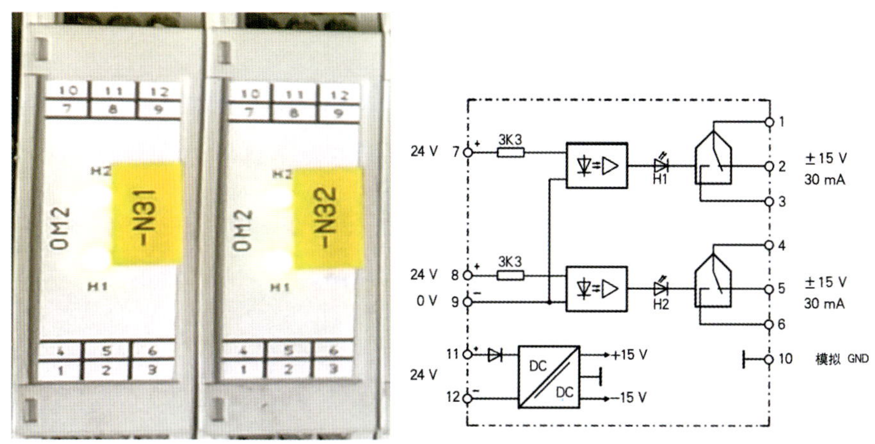

图 4-10　OM2 模拟量“二取一”模块

(六)电压隔离模块

图 4-11 所示为模拟量输出的电压隔离模块(P27000F1),7、8 是工作电源,3、4 为内部模拟量信号,5、6 是输出的标准电压信号(10 V)。N51/53/55 接受 OM2 输出的信号, 隔离处理后传输给极控 A 系统,N52/54/56 则将信号传输给 B 系统。N61~N70 模块的型号和功能与之相同,处理的信号不同,信号传输给稳定装置。N81~N85 模块的型号和功能与之相

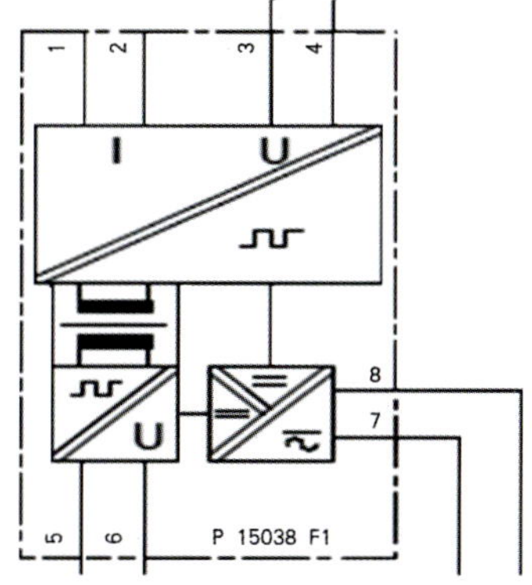

图 4-11　电压隔离模块

同,处理的是直流场模拟量输入信号。N86–N87 接受稳定装置输入的模拟量信号,N21 接受另一个极控系统的触发角信号。

(七)开关量输入–光耦继电器模块

开关量输入–光耦继电器模块(PLC–OSC–125DC/24DC/2)如图 4–12 所示,K201–220 输入的是稳定控制 1 和稳定控制 2 的开入信号,K221–225 输入的是极 2A 系统的信号量,K226–230 输入的是极 2B 系统的信号量,K231–235 输入的是站控 A 系统的信号量,K236–240 输入的是站控 B 系统的信号量,K241–249 和 K250–258 输入的是直流保护 A、B 系统的信号量,K260–266 和 K272–277 也是从直流保护系统输入的信号量,K281–282 是 VBE 故障信号开入。

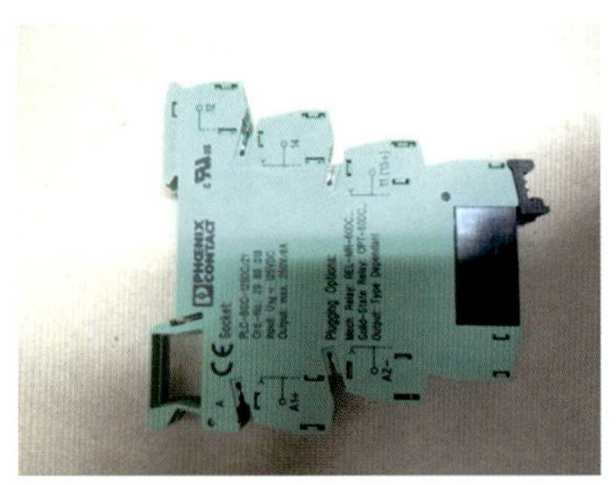
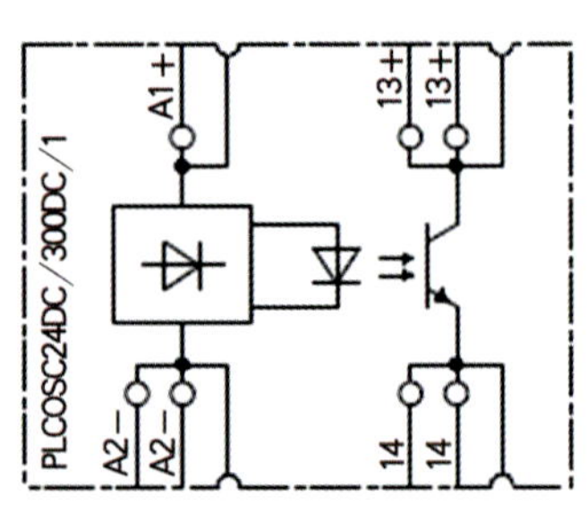

图 4–12　开关量输入–光耦继电器模块

(八)开关量输出模块

开关量输出模块如图 4–13 所示,K401A/B/C、K402A/B/C、K403A/B/C 是传输极 1ESOF 信号,三个继电器并联,接点进行了串并联。K301A–K305A、K301B–K305B 极控向极保护 A、B 盘柜开出的信号量;K306A–K310A、K306B–K310B 极控向直流站控 A、B 盘柜开出的信号量;K311A–K318A、K311B–K318B、K311C–K318C 开出信号至极保护 A、B、C 三个屏 K319A–K320A、K319B–K320B、K319C–K320C,分别送信号至对极的极保护 A、B、C 三个屏;K102–K109 开出的是点火脉冲信号。

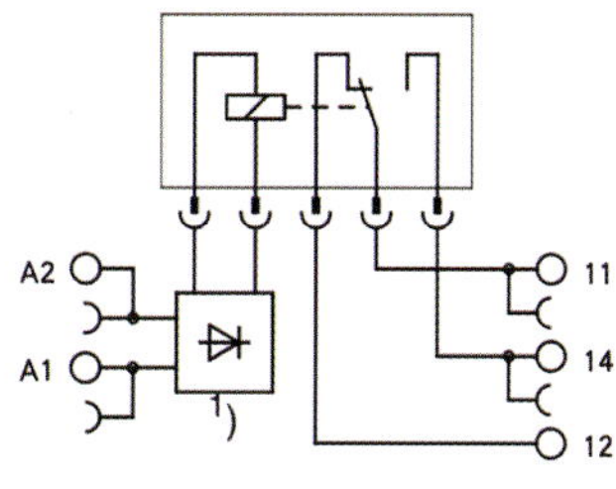

图 4-13　开关量输出模块

(九)测量模块

电流测量模块是从现场通过硬接线直接采集换流变压器进线 CT(合流)、换流变压器 Y、D 绕组电流量,如图 4-14 所示。

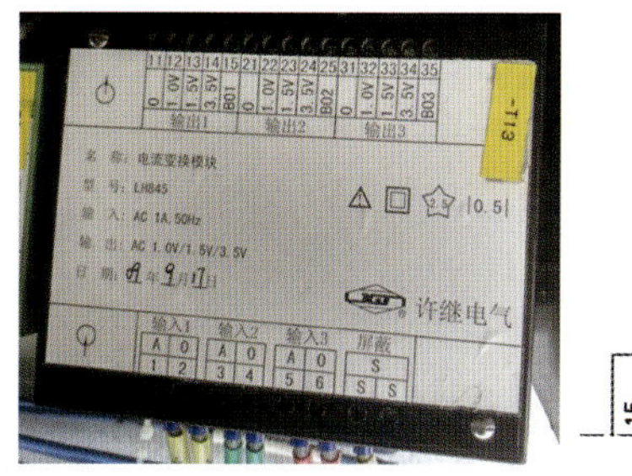

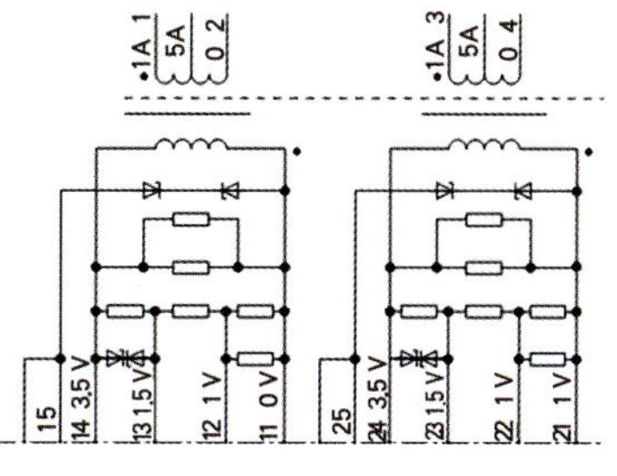

图 4-14　电流测量模块

电压测量模块通过硬接线采集换流变压器进线三相电压,如图 4-15 所示。

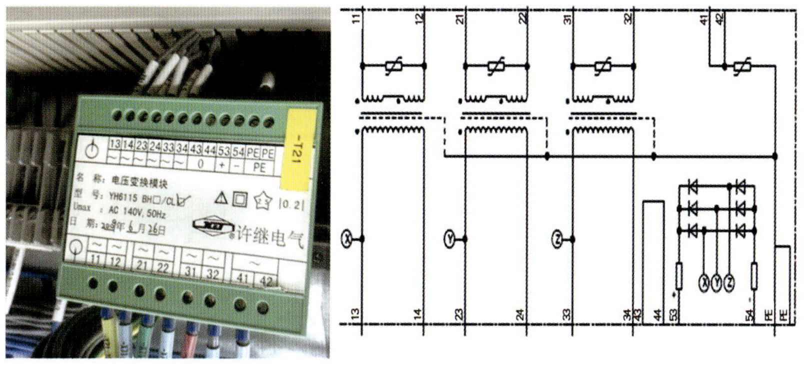

图 4-15　电压测量模块

（十）PROFIBUS 总线结构

SS52 板卡连接于 PROFIBUS 总线，接受 PROFIBUS 总线上的数据信息，如图 4-16 所示。

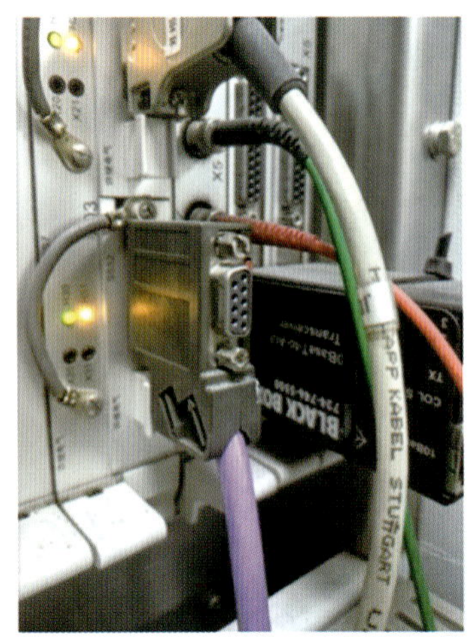

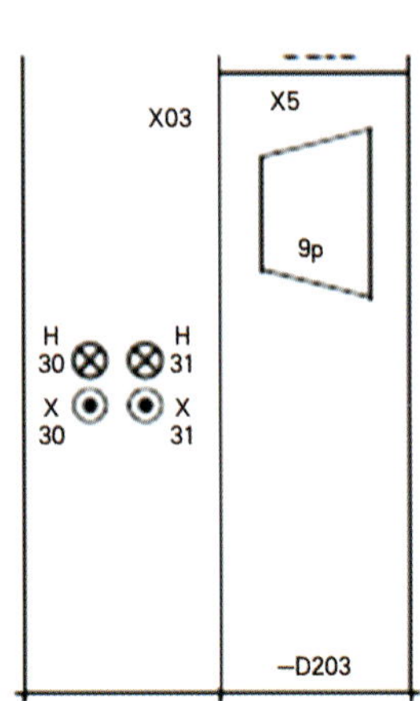

图 4-16　SS52 板卡与 PROFIBUS 总线通信接口

OLM 模块通过光纤接受现场来的模拟量和数字量信号，通过光电转换后传输给 SS4 通信模块，U111 和 U112 之间串联扩展现场来的接口，如图 4-17 所示。

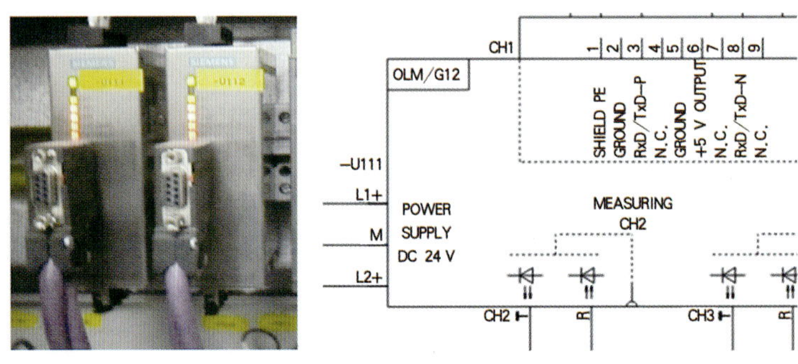

图 4-17　光纤连接模块(OLM)

扩展现场总线的接口将 VBE 和极保护的信息接入极控屏，如图 4-18 所示。

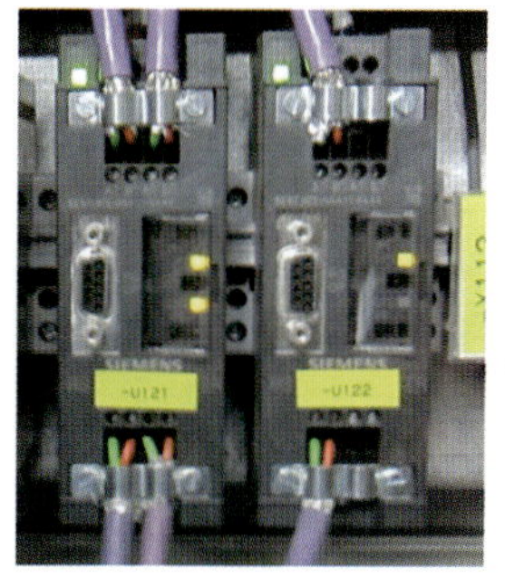

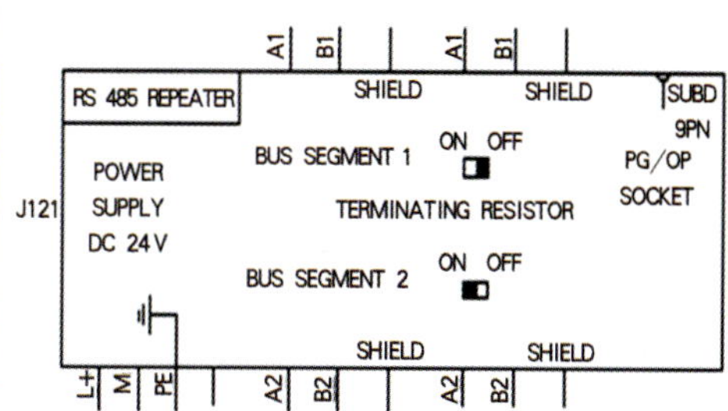

图 4-18　扩展现场总线的接口(RS485 中继器)

终端电阻用于稳定 PROFIBUS 总线回路的电压,如图 4-19 所示。

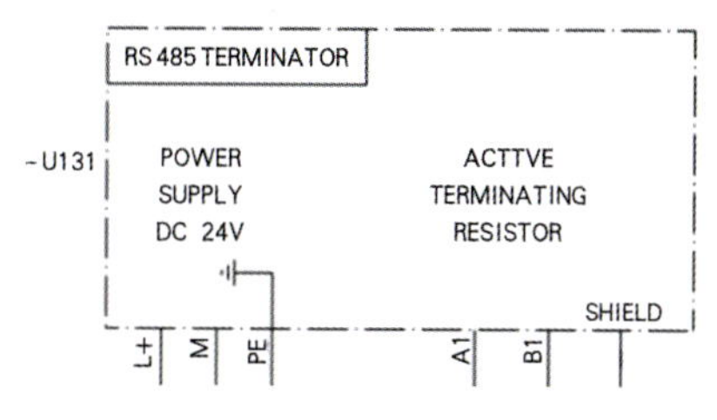

图 4-19　终端电阻

(十一)LAN 连接

LAN 通过“黑盒子”进行通信协议转换,输出至 COM 盘柜,与极控 B 系统的通信通过 CS12 上的光纤来实现,如图 4-20 所示。

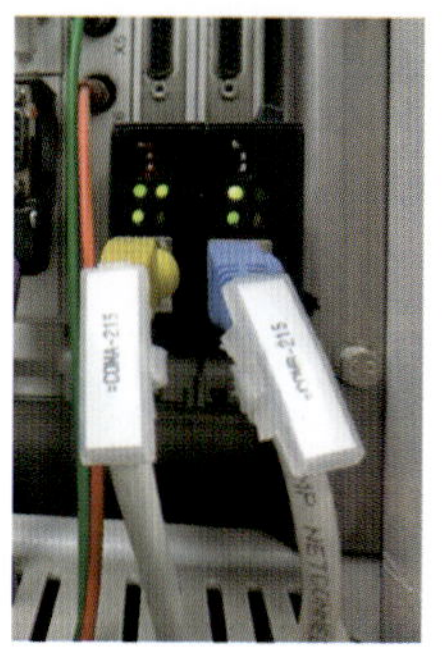

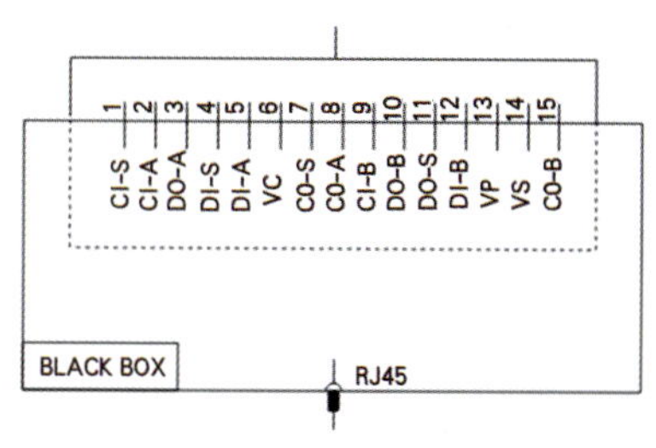

图 4-20　“黑盒子”[LE 180A(10BASE-T TO AU)]

(十二)站间通信

IM3.1 板卡连接至盘柜内的 U21(DUST ETU01)通信装置,连接至对站,如图 4-21 所示。

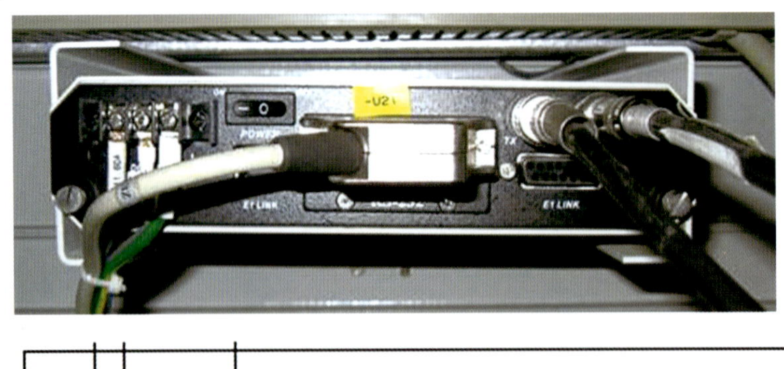

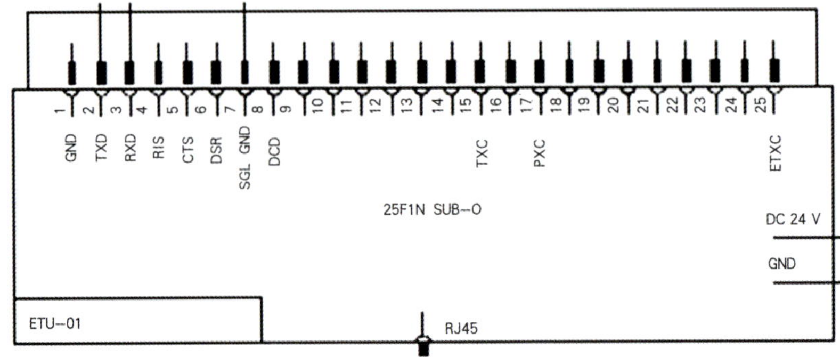

图 4-21 DUST 通信装置

(十三)就地界面

D20 位置的 26 针 SS4 通信板卡通过 9 针协议转换器(见图 4-22)转换为 TCP/IP 协议,通过网线连接于 LAN。

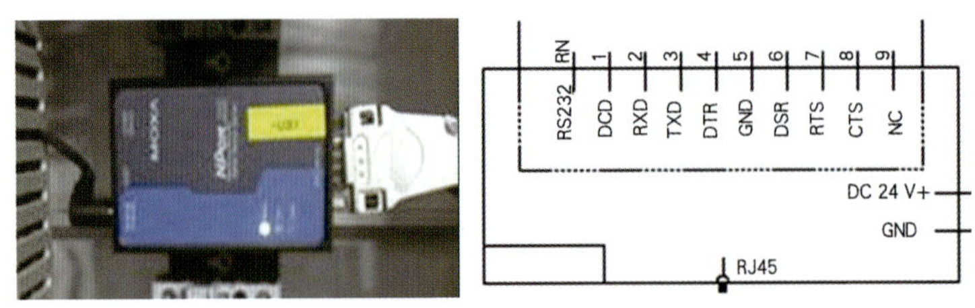

图 4-22 协议转换器

(十四)VBE 接口转换装置

D05 的 IFU 100 板卡接受来自 IT2 板卡的点火脉冲信号,D07 的 IFU 100 板卡接受来自极控主用系统 D14 的 IM3.1 板卡的热字, 经光纤传输给 VBE 装置。VBE 接口装置如图 4-23 所示。

图 4-23　VBE 接口装置

(十五)端子排

端子排列如图 4-24 所示，其中外部端子排转接的信号量分别是：-X321 端子排——开关量输出，-X241、244——开关量输入，-X821、921——模拟量开出。

外部　　内部

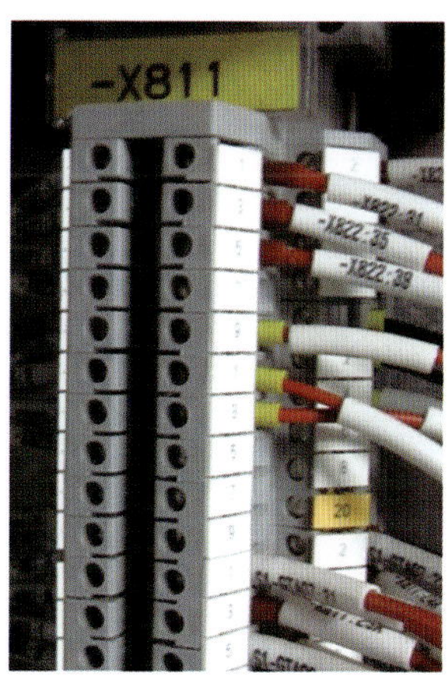

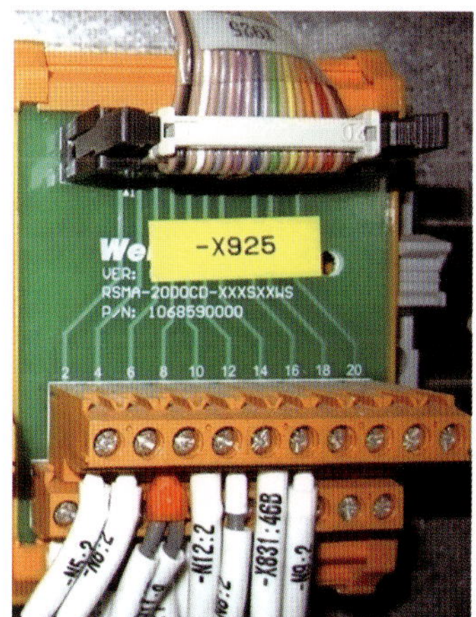

图 4-24　端子排

第三节　DFU410 模块

一、概述

如图 4-25 所示，DFU410 测量控制模块主要完成现场控制级的数据采集、预处理及数据上传功能，同时执行主控站的控制输出命令。DFU410 模块通过 PROFIBUS 现场总线与中央控制站进行通信,并支持冗余的通信接口配置。

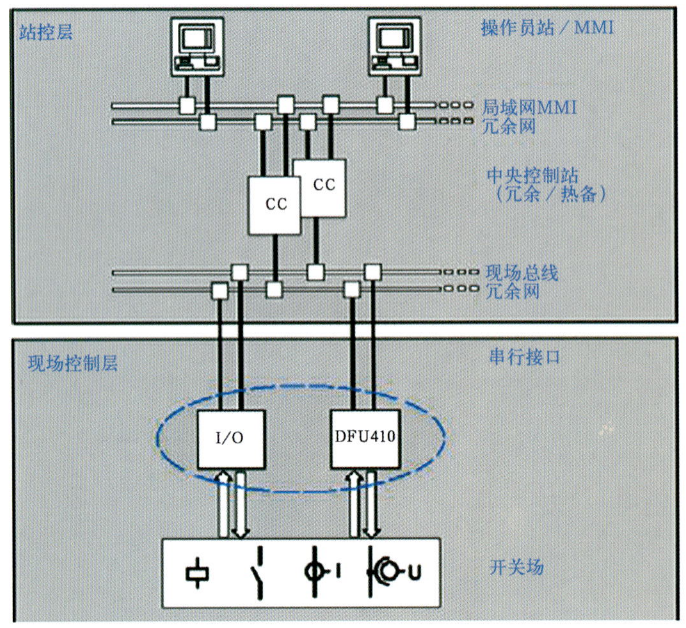

图 4-25　DFU410 网络位置

二、硬件结构

DFU410 的基本作用是作为一种分布式的现场控制设备，进行现场控制级的数据采集、预处理,然后上传数据,同时接收中央控制站(即主控站)的命令进行输出。

(一)模块构成

DFU410 模块由机箱和以下模块组成:主控 CPU 模块、通信 COMM 模块、开关量输入 IN 模块、开关量输出 RELAY 模块、直流模拟量输入 AD 模块、交流模拟量输入 ACAD 模块、交流互感器输入 TATV 模块、直流电源 POWER 模块、指示 LED 模块、背板 PLANE 模块。

1.电源模块

DFU410 模块的电源由两个独立的模块构成了一个冗余备份系统。下属各个模块的工作电源通过扁平电缆分配。对于外部电源的连接,通过开关量输入模块提供了 4 mm^2 插入式的连接端子。电源模块输入接入了滤波器以抗干扰。

根据额定电压为 24 V 直流、110 V/125 V 直流或 220 V 直流，可以提供两个不同版本的电源模块。电源模块的布置如图 4–26 所示。

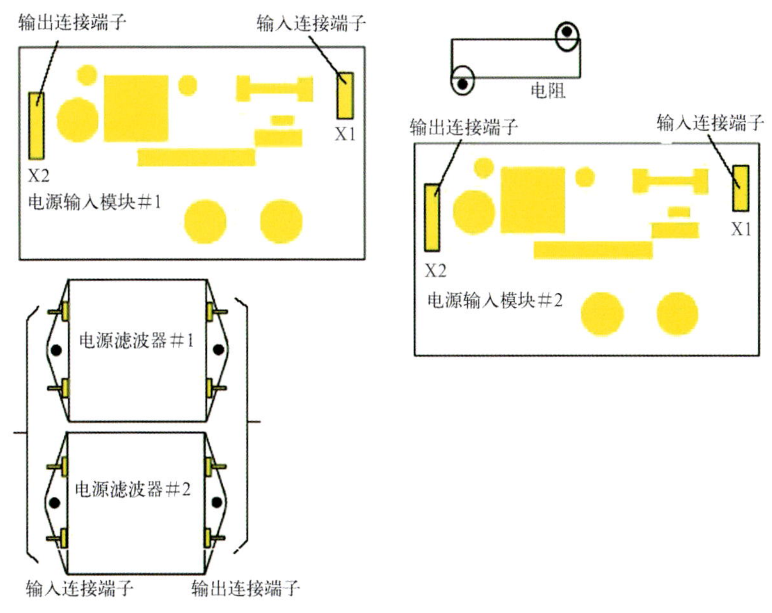

图 4–26　电源模块的布置

DFU410 模块的电源可以配置为单插件和双插件冗余两种方式。按照冗余方式配置时，两个独立的电源模块构成了一个冗余备份系统。这样的冗余设计可以确保在一个电源进线或电源模块出现故障的情况下，模块仍能够正常工作。

每块电源均具有短路、过载、过欠压、失电告警、状态指示及手动关断等功能，可以充分满足应用的可靠性、易用性需求。电源额定输入电压分为 24 V 直流、110 V/220 V 直流两种，应用时需根据电源电压的等级进行选择。电源模块向装置提供以下电压种类输出：5 V、8 A，±15 V、1 A，24 V、2 A。

失电告警信号由继电器硬接点输出，共两路独立输出，输出触点容量为 220 V 交流、2 A、阻性。另外，装置的一路 GPS 同步对时电信号也由此输入及隔离，其输入电压额定值为 24 V 直流、110 V 直流、220 V 直流三种。

外部电源输入、GPS 同步对时信号输入和失电告警输出均是通过 2.5 mm^2 插入式的连接端子连接。DFU410 模块的电源模块接口定义如图 4–27 所示。

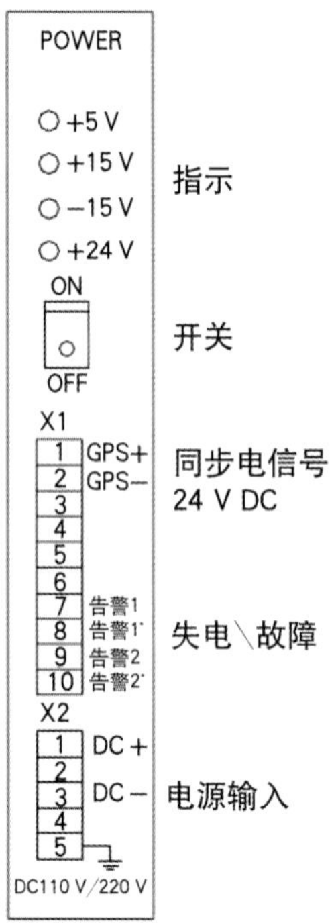

图 4-27　DFU410 模块的电源模块接口定义

2.CPU 模块

CPU 模块对获取的数据进行预处理，并经过通信 COMM 模块与主控站进行数据交换。当上电或复位时,CPU 进行完全重启。如图4-28 所示,CPU 模块的接口有:①光时钟同步信号输入 GPS;②用于诊断和参数设置的调试串口;③用于下载固件的串口;④CAN 总线通信接口及终端电阻开关。

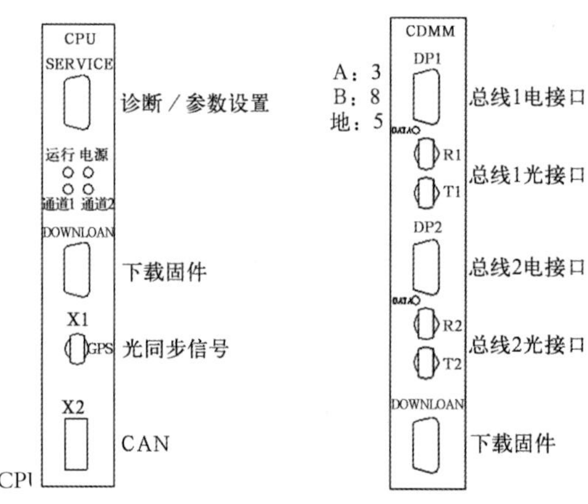

图 4-28　CPU 模块的接口

3.通信 COMM 模块

通信 COMM 模块完成与主控站的数据通信交换任务。该模块把接收到的主控站数据命令转发给 CPU 模块，同时把 CPU 模块处理过的数据上送主控站。对于与主控站的通信,COMM 模块提供了电连接和光连接两套接口。对于与冗余的光纤现场总线的连接,COMM 模块提供了四个插入式的端子,其中两个负责接收,两个负责发送,用于与 62.5/125 μm 的光缆连接。

接收端子里有一块光学集成电路,由检光器和直流放大器组成。发射端子包含一个 820 nm 的光发射器，能够把光能发射到四种不同尺寸的光纤里。接收端子是深灰色,发射端子是浅灰色。

除此之外,CPU 模块上还有两个 SUB-D 插座用于与冗余的现场总线连接,用于开放式通信,使用由 EN50170 定义的 PROFIBUS-DP 协议第三部分。现场总线接口包含一个标准的 PROFIBUS-DP 控制器和一个微处理器,通过双口 RAM 与主 CPU 通信。

通信 COMM 模块的接口有:①现场总线 #1 的光纤接口;②现场总线 #2 的光纤接口;③现场总线 #1 的电气接口;④现场总线 #2 的电气接口;⑤用于下载固件的串口。通信 COMM 模块 RS485 终端电阻的连接如图 4-29 所示。

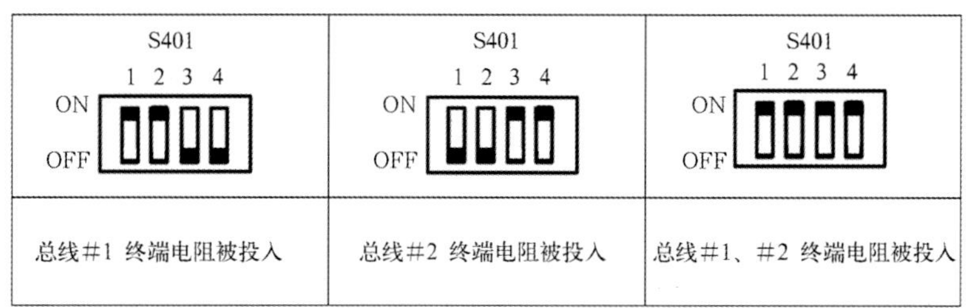

图 4-29　通信 COMM 模块 RS485 终端电阻的连接

4.LED 模块

LED 模块位于前旋转面板的背面，通过 40 针的扁平电缆线与背板及 CPU 模块相连。该模块的指示及接口定义如图 4-30 所示。

图 4-30 表现了 72 个 LED 灯指示开关量输入或输出通道的状态,其余 LED 灯指示装置的工作运行状态为:

(1)“显模式”按钮用于开关量输入状态、开关量输出状态及站地址显示间的 LED 指示切换。

(2)“灯测试”按钮用于面板上所有 LED 灯的点亮测试。

(3)“复位”孔内按钮用于装置的完全重启操作。

(4)“调试口”处的 D 型插座用于装置诊断、参数设置和控制，其为 RS232 电平接口。

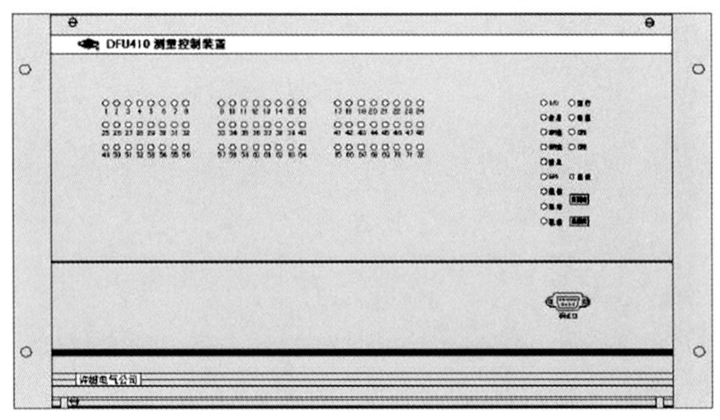

图 4-30　LED 模块的指示及接口定义

5.开关量输出 IN 模块

与 CPU 模块的连接是通过 4 根扁平电缆实现的，电缆可接入 4 mm² 插入式连接端子与外部连接。如图 4-31(a)所示，开关量输出 IN 模块含有 24 路抗干扰的光隔离开关量输入通道，外接信号电压分 24 V 直流、110 V 直流和 220 V 直流三种。输入电路以组的形式构成，通道 8 路一组，连到同一个公共端。

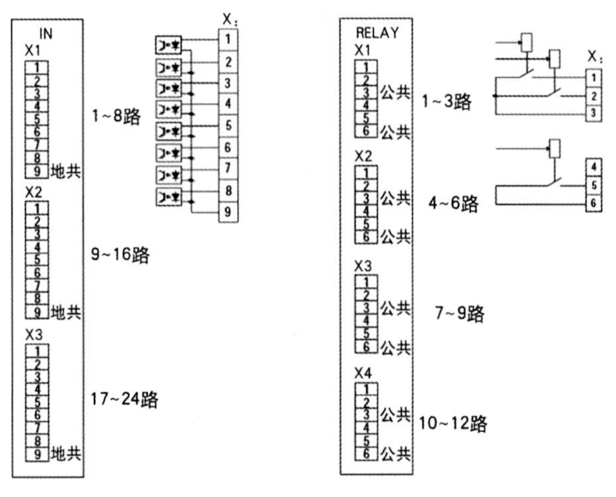

(a)IN 模块的接口定义　　(b)RELAY 模块的接口定义

图 4-31　IN 模块和 RELAY 模块的接口定义

6.开关量输出 RELAY 模块

RELAY 模块的接口定义如图 4-31(b)所示,该模块的开关量输出模块具有 12 路防干扰的编码命令输出。

(1)开关量输出检测:如图 4-32 所示,为了得到正确的命令输出,所有的开关量输出通道都受到检测。通过反馈回路,在经过合理化检查确认输出电路正常之后,才允许单通道的输出。发生故障时,相应的输出组(两个通道)被闭锁,相应的系统消息会被送到主控站。

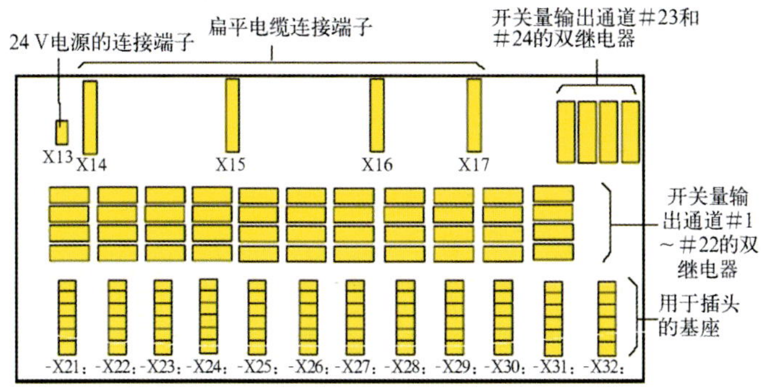

图 4-32 开关量模块布置图

(2)开关量输出电路:如图 4-33 所示,每个开关量输出通道提供了一个常开触点。输出通道按组管理,每两个通道一组。

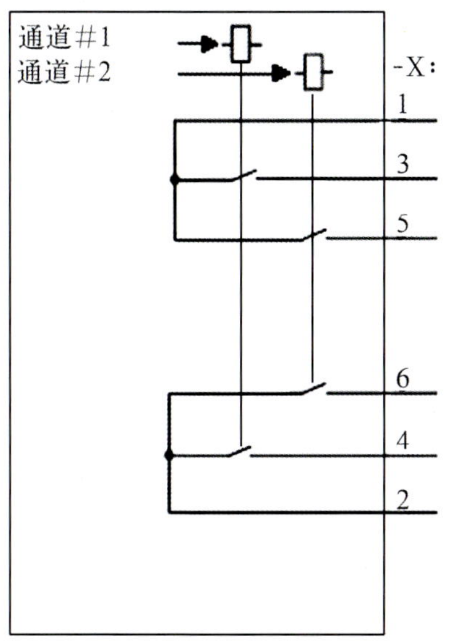

图 4-33 开关量输出回路

7.交/直流模拟量输入 ACAD 模块

ACAD 模块负责完成对交/直流模拟量的实时测量功能和线路合闸同期计算功能,并将计算数据实时传递到主 CPU 模块。ACAD 模块的 12 路交流测量由两片 6 通道 16 位高精度 A/D 芯片完成，可对两条线路进行精确频率测量,实现两条线路模拟量的完全同步采样,确保了交流采样数据的高准确性。ACAD 模块能准确计算出电压、电流、有功功率、无功功率、功率因数、频率等测量值,其测量值可计及最大 13 次谐波的信号量。

ACAD 模块提供了 4 路直流模拟量和与交流互感器输入模块接口的 12 路交流电压输入通道。4 路直流模拟量输入可以由 DIP 拨码开关设定成额定电压 5 V 或者额定电流 20 mA,其设定方式如图 4-34 所示。

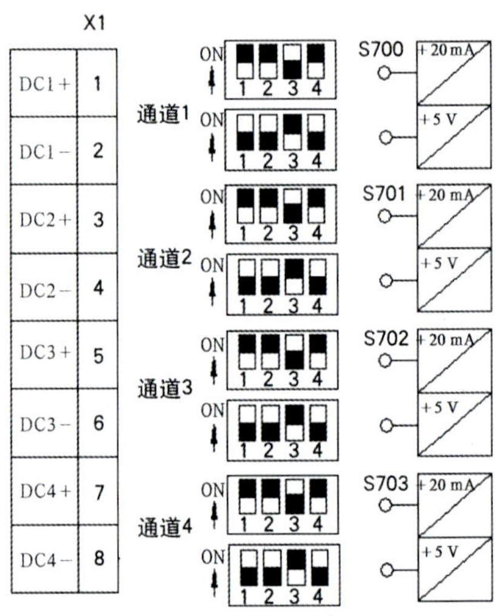

图 4-34　ACAD 模块直流模拟量输入电流、电压的类型设置

4 路直流模拟量通过 2.5 mm^2 插入式连接端子与外部连接。使用同期功能时,同期相的选择需要由 DFU410DIA 工具和 ACAD 模块上跳线的配合来实现,并默认 A 相为同期相。跳线位置设置如图 4-35 所示。

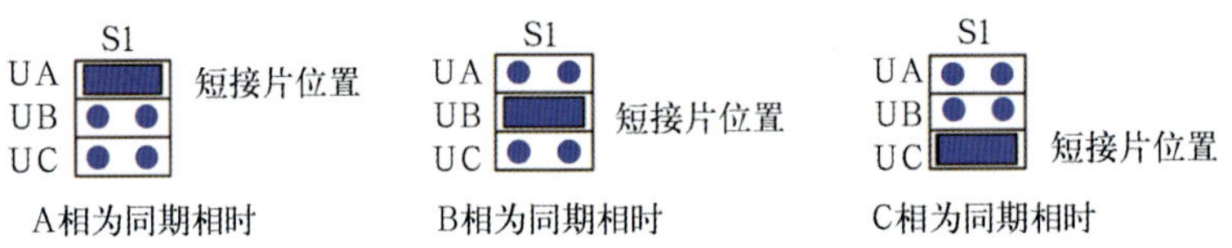

图 4-35　同期相选择的跳线位置

ACAD 模块的面板输出及接口定义如图 4-36 所示。

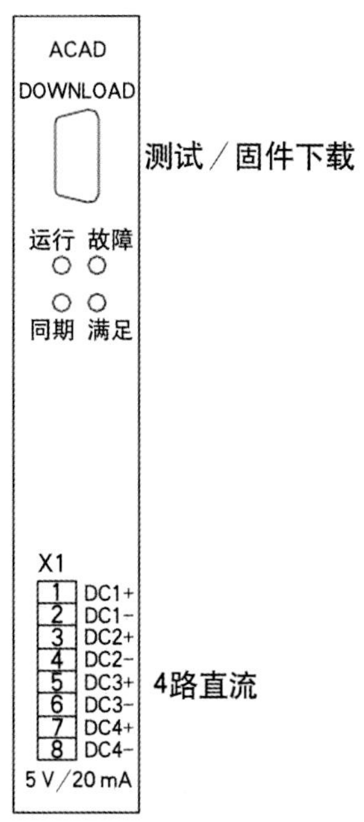

图 4-36 ACAD 模块的面板输出及接口定义

8.交流互感器输入 TATV 模块

现场的二次电压、二次电流信号经模块内的电流、电压变换器隔离转换后，经背板走线连接至 ACAD 模块的 12 路低通滤波电路，作为 ACAD 模块 A/D 转换电路及频率跟踪电路的信号源。其电压变换器变比为交流 100 V/5 V(交流 57.74 V/2.887 V),电流变换器变比为交流 5 A/2.916 V 或交流 1 A/2.916 V。

该模块内部的电压互感器采用星形连接方式,可以满足两条线路三相电压输入的需求。内部电流、电压互感器之间无公共接点,以适应现场串入位置不固定的需求。第一条线路对应的接线端子为 Ua1、Ub1、Uc1、Un1、Ia1、Ia1′、Ib1、Ib1′、Ic1、Ic1′，第二条线路所对应的接线端子为 Ua2、Ub2、Uc2、Un2、Ia2、Ia2′、Ib2、Ib2′、Ic2、Ic2′。另外,使用同期合闸功能时,必须使另一待并电路侧抽取电压接入 Ua2、Un2 处。TATV 模块的面板接口定义及输出接口原理如图 4-37 所示。

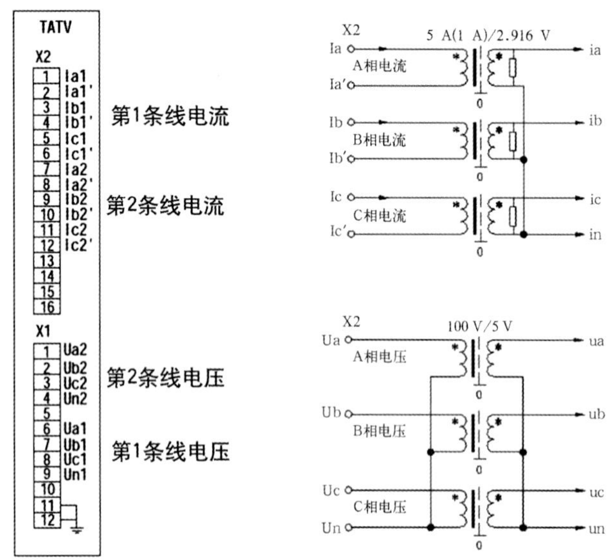

(a)TATV 模块的面板接口定义　　(b)TATV 模块的输出接口原理

图 4-37　TATV 模块的面板接口定义及输出接口原理

9.直流模拟量输入 AD 模块

该模块可提供 8 路模拟量输入通道，该模块的面板输出及接口定义如图 4-38 所示。

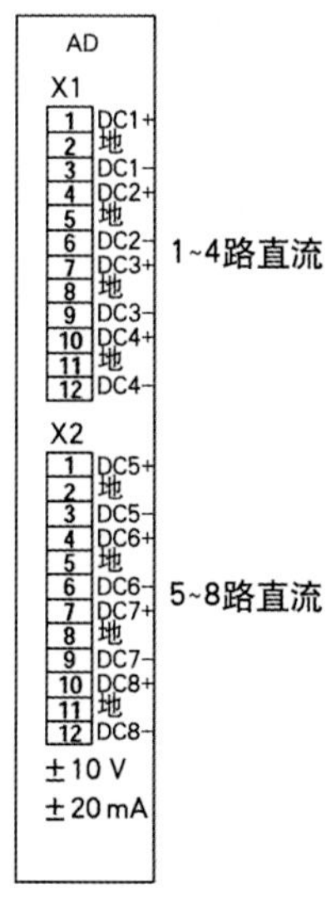

图 4-38　AD 模块面板接口定义

模拟量输入可以通过 DIP 拨码开关设定成额定电压±10 V，或者额定电流±20 mA，因此可以获取±10 V 或±20 mA 范围内的测量值。其拨码开关设置方式如图 4-39 所示。

模拟量测量回路只能接受浮空的差分信号，任何电位低于 DFU410 模块的信号都被钳位到 DFU410 模块的电位。8 路直流模拟量通过 2.5 mm² 插入式连接端子与外部连接。

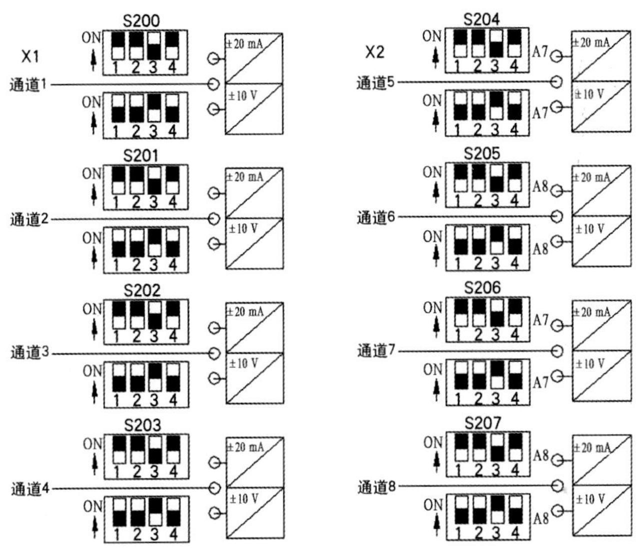

图 4-39　直流模拟量输入 AD 模块的拨码开关设置

10.背板 PLANE 模块

背板 PLANE 模块为各功能插件模块提供电源供应，以及数据线、控制线、电压电流信号线等的连接插座及通路，其功能布置如图 4-40 所示。

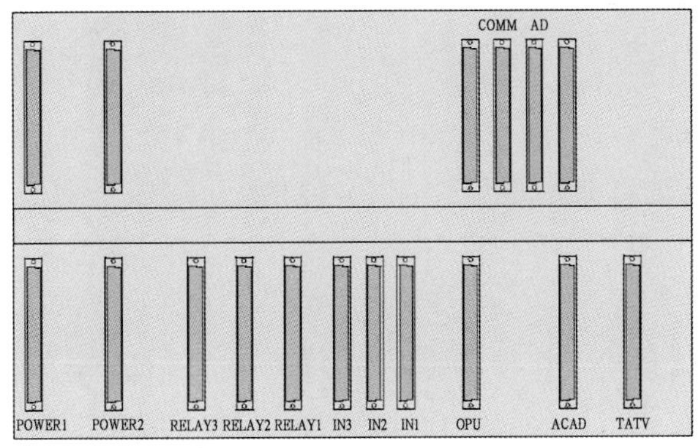

图 4-40　PLANE 模块的功能布置

三、功能

(一)基本功能

DFU410 模块采用了高性能、高可靠的微处理器器件,配合模块化的编程对数据进行了最有效的采集与处理。

现场级数据通过模块的开关量、直流模拟量输入模块通道以及交流模拟量输入模块获取。数据被转换成报文格式传送到主控站。每个可识别的开关量输入的状态改变都被转换成一条消息,以 1 ms 的分辨率记下发生的日期和时间,被写入消息缓存。这些带时间标记的消息和模拟量值被一起传送到主控站。

来自主控站的控制命令以并行方式提供给装置的开关量输出回路。每一个开关量输出通道都有一个反馈控制电路,用于检测命令输出通道是否正确。DFU410 模块主要的原理框图如图 4-41 所示。

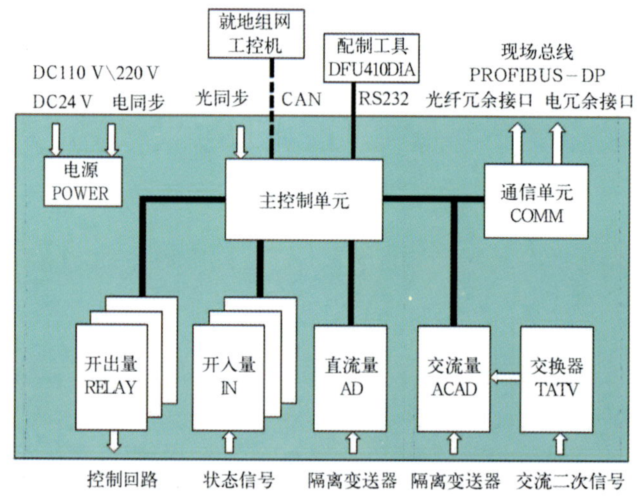

图 4-41　DFU410 模块主要的原理框图

(二)自检

DFU410 模块对所有的硬件和固件功能以合理化检测的方式连续不断地进行监测。如果检测到硬件或固件异常,就向消息缓冲区写入一条带有时标的系统消息。这个系统消息以公共系统消息的方式立即传送给主控站。

表 4-3 所示为自检测功能产生的系统事件,各个系统消息完成对公共消息的组合，公共消息要送往主控站。所有的系统消息都可以通过 DFU410 调试软件从消息缓冲区中读出。

表 4-3　自检测功能产生的系统事件

就地事件	说明	与公共消息的组合逻辑关系	公共事件	说明
S-101	装置启动	=	S-141	装置启动
S-103	消息缓冲区溢出			500 个未发送消息
S-102	同步时钟触发信号丢失	≥	S-142	装置受扰动
S-104	电源模块 1# 故障			
S-105	电源模块 2# 故障			
S-114	电源模块 1# 正常	&	S-143	装置扰动消失
S-115	电源模块 2# 正常			
S-116	时钟同步触发信号收到			
S-106	CPU-RAM 故障	≥	S-144	装置故障
S-108	看门狗故障			
S-109	现场总线通信接口 1# 内部故障			
S-110	现场总线通信接口 2# 内部故障			
S-113	模拟量输入 AD 模块故障			
S-118	写 FLASH 故障			
S-165	ACDC AD1 故障			
S-166	ACDC AD2 故障			
S-167	ACDC DPRAM 故障			
S-168	ACDC RAM 故障			
S-169	ACDC 模块故障			
S-1~24	输出通道组 1~24 故障	=	S-145	
S-146	就地控制模式有效	=	S-146	
S-147	远方控制模式有效	=	S-147	
S-111①	现场总线通信接口 1# 没有运行			无消息传送到主控站
S-112①	现场总线通信接口 2# 没有运行			
S-161	同期成功			
S-162	同期超时	≥	S-149	同期超时/闭锁
S-163	同期闭锁			
S-164	同期取消			无消息上送

如果选择了单主站系统模式,且第二个通信通道故障,则 S-111(特别是 S-112)不会产生。

(三)冗余化

DFU410 模块与现场总线通信采用单主控站或者双主控站配置,而采用单主控站配置时可以使用两个接口中的任何一个。冗余通信接口使模块能够以热备用模式加入到一个站控系统中。

热备用配置在上一层站控级通过一个活动主控站和一个被动主控站实现,它代表了一种双通道配置,从双重化系统中动态地选择一个。两个主控站以并行模式运行,每一个站在任何时间都可以完全更新数据。

如果探测到活动主控站发生硬件或固件错误,将通过自动切换系统切换到热备用站(被动主控站)。此时,备用站就成了活动控制单元。活动主站和备用站切换时不会导致任何信息丢失,数据处理会继续进行。

DFU410 模块仅可以接收和处理来自活动主控站的命令。如果装置从收到的报文中识别了以特殊位表示的主控站间的切换，那么在 3 s 之内,将不会有实际的命令输出。3 s 之后,如果只有一个活动主控站被识别,DFU410 模块将接收主控站发出的新输出命令。在其他情况下,命令输出将被复位(即终止)。

(四) 数据传输

1.现场总线

DFU410 模块通过现场总线在场站和现场控制设备间进行数据交换。现场级的 DFU410 模块和站控级的主控站之间的通信通过 PROFIBUS 现场总线来实现。PROFIBUS 定义了一个现场总线的技术和功能规范,能够实现数据的广泛交换和快速处理。PROFIBUS 包括一套广泛用于光电传输的网络组件,其安装和服务简单,诊断方便,能以最佳的方式进行容错传输。

2.网络配置

随着星形连接器、中继器、光连接模块、光连接插头的使用，PROFIBUS 网络可以配置成线形、环形和星形拓扑结构。它还允许采用双绞线和光纤介质连接。

3.操作原则

PROFIBUS 的数据交换使用欧洲规范 EN 50170 所确定的主从系统

原则，在一个程序周期中运行。需要注意的是，只能是主站发起数据请求，从站响应这些请求。

4.传输介质

DFU410 模块有两个端口用于与电传输介质相连，另有两个端口与光传输介质（后备接口）相连。在任何时候，装置的通信接口（电/光）只有一套处在运行状态。

（1）电传输介质的特点是：①电 PROFIBUS 现场总线采用双屏蔽的双绞线来布线；②传输标准采用 RS485；③电现场总线的最大结点数是每段 32 个；④通过中继器，一个双绞线网络能扩展到 127 个结点。

（2）光传输介质的特点是：①光纤网采用双路光缆构成，其对电磁干扰不敏感；②装置的传送器和接收器传输速度高达 5 Mbaud。

（五）报文结构

DFU410 模块的报文支持以下两种协议模式：

（1）DF410 协议模式：开入通道第 72 路，开出通道第 36 路，模拟量 16 路（12 路交流量+4 路直流量/配 ACAD 模块）或直流模拟量 8 路（配 AD 模块）。

（2）SU200 协议模式：开入通道第 40 路，开出通道第 24 路，交/直流模拟量 8 路。

银东±660 kV 直流输电工程直流换流站使用的是 SU200 协议模式，以下所述内容均基于 SU200 协议模式。

1.从 DFU410 模块到主控站

从 DFU410 模块向主控站传输数据时，报文由 32 位的用户数据构成，模块自动在不同类型的报文间进行传输切换。4 种不同类型的报文结构为：①消息报文（由处理消息或系统消息组成）；②模拟量报文；③通用查询报文；④功率（kW·h）度量值报文。表 4-4 所示为不同类型报文的发送规则（从 DFU410 模块到主控站）。

表 4–4　各种报文的发送规则

模拟量使能(无故障)	kW·h 计数器	消息传输
没有	没有	处理消息和系统消息一产生就发送出去。在主控站确认之后,DFU410 模块反复发送这条报文,直到有新的处理消息或系统消息产生
没有	有	如果没有处理消息或系统消息需要传输,DFU410 模块将持续发送 kW·h 度量值。当新的处理消息或系统消息产生时,模块将持续发送它们,直到获得确认。这样,在等待确认的这段时间内,kW·h 度量值不会被传送
有	没有	如果没有处理消息或系统消息需要传输,DFU410 模块将持续发送模拟值。当新的处理消息或系统消息产生时,模块在每三次的前两次里发送它们,直到获得确认。这样,在等待确认的这段时间内,模拟量值在第三次被传输
有	有	如果没有处理消息或系统消息需要传输,DFU410 模块将持续交替发送 kW·h 度量值和模拟量值。当新的处理消息或系统消息产生时,模块在每三次的前两次传递消息,第三次传递模拟量值,直到消息被确认
无关	无关	消息传输终止(在就地控制模式下)时,DFU410 模块没有处理消息或系统消息需要传输

如图 4–42 所示,两个控制字节和所有开关量输入的实际状态集成到了所有的报文类型中,被持续更新和发送。消息报文由集成到控制字节 1 和 2 的控制位、所有开关量输入的实际状态以及最多 3 个消息所构成。输入状态被持续更新和发送。每一条消息由信号 ID(双字节)和 6 字节形式的时间构成。时间由“1984.01.01”以来的天数和从每天的 00:00:00 起的毫秒数构成。

模拟量报文由集成到控制字节 1 和 2 的控制位、所有开关量输入的实际状态以及 8 路通道的实际测量值构成。开关量输入的状态和模拟值被持续更新和发送。kW·h 度量值报文结构由集成到控制字节 1 和 2 的控制位、所有开关量输入的实际状态以及 12 个 kW·h 计数通道输入的实际值构成。开关量输入的状态和 kW·h 度量值被持续更新和发送。

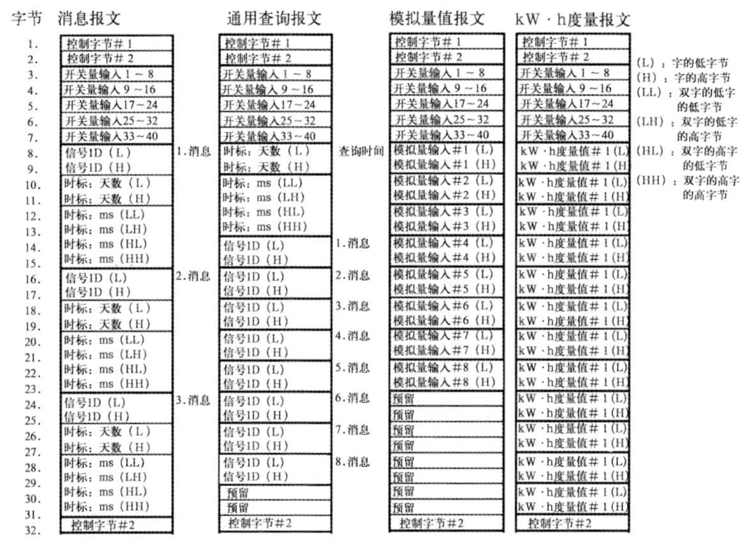

图 4-42　不同报文结构的原理安排

通用查询报文只有在主控站发出请求后才被发送，它同样由集成到控制字节 1 和 2 的控制位和所有开关量输入的实际状态构成。与消息报文相比，它有 8 个消息，只有一个公用的查询时间信息。

2.从主控站到 DFU410 模块

对于来自主控机的数据，报文由 12 位用户数据构成。报文由集成到控制字节 1 和 2 的控制位、对应 24 路输出通道的输出命令以及 6 字节形式的时间信息构成。时间由“1984.01.01”以来的天数和从每天的 00:00:00 起的毫秒数构成。时间信息作为 DFU410 的内部时钟初始设置的预置启动时间。主站下发报文结构的排列规则如图 4-43 所示。

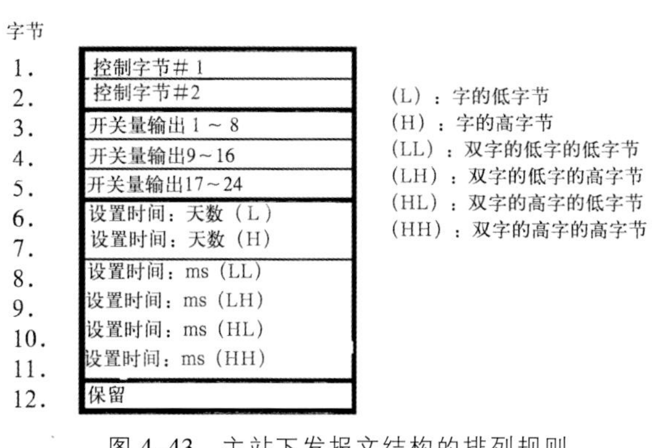

图 4-43　主站下发报文结构的排列规则

(六)通信控制

DFU410 模块与主控站的通信是通过报文的状态位来控制和协调的。

1.从 DFU410 模块到主控站

从 DFU410 模块到主控站报文的控制字节 #1 和 #2 用于通信控制,具体情况如图 4-44 和图 4-45 所示。

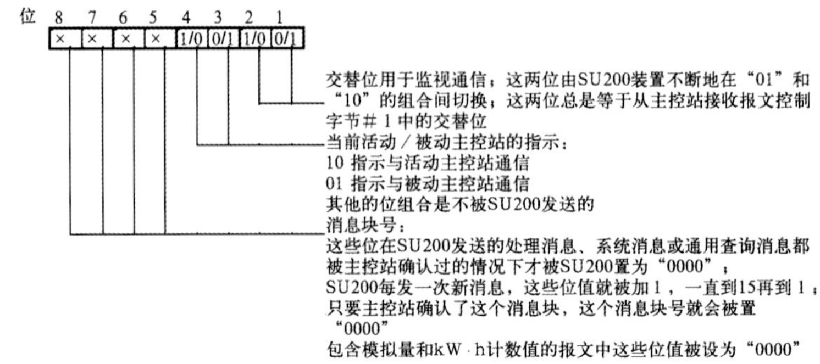

图 4-44 DFU410 到主控站报文中控制字节 #1 的安排

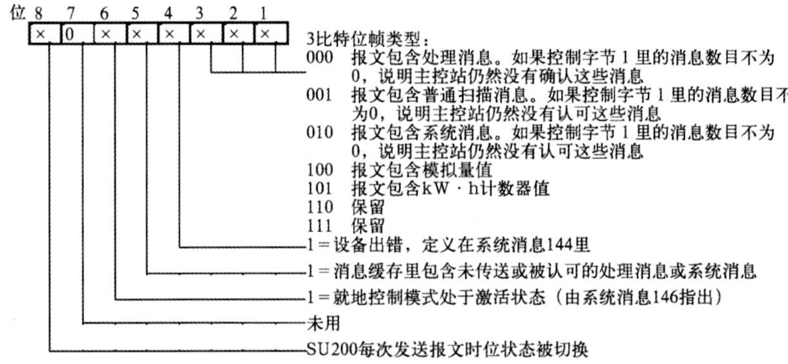

图 4-45 DFU410 到主控站报文中控制字节 #2 的安排

2.从主控站到 DFU410 模块

从主控站到 DFU410 模块报文的控制字节 #1 和 #2 用于通信控制,具体如图 4-46 和图 4-47 所示。

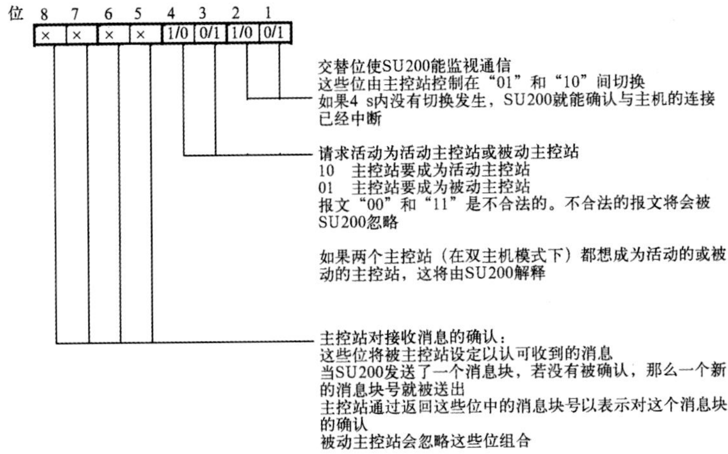

图 4-46　主控站发往 DFU410 报文中控制字节 #1 的安排

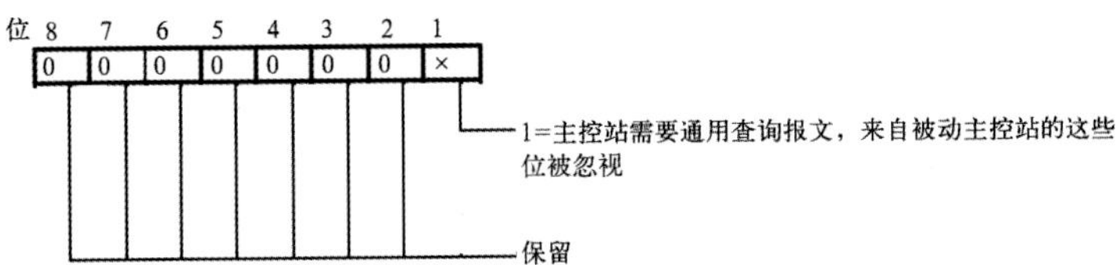

图 4-47　主控站发往 DFU410 报文中控制字节 #2 的安排

3.通信监控

总线连接的两端都应做通信监控。除了主控站外,SU200 装置通过从主控站收到的控制字节里的交替位来不断监测数据传输。位组合“00”和“11”是合法的,不合法的报文会被装置忽略掉。每 4 s 中,装置从报文里没有收到合法的交替位就会认为通信出错,实际的命令输出就会被复位。一旦收到有效的报文,就会认为通信是正常的。

(七)环形缓冲区

DFU410 模块配备有一个消息缓冲区,可以存储多达 500 条处理消息和 50 条系统消息。如果缓冲区写满了,那么最早的消息会被覆盖。已经传送给主控站的消息会被保存下来,用 SU200 调试软件仍然能够读取。

(八)时钟控制

消息标记的日期和时间消息由装置的内部时钟提供。内部时钟的精确度可以达到 10^{-5}(最大 36 ms/h)。装置启动后,内部时钟从 00:00:000 h 开始,标记时间从 1984.01.01 开始。

一旦和活动主控站连接上,装置的内部时钟将暂时设为从主机收到的第一个报文里的时间。之后,在第一条报文收到之前已写入消息缓存里的消息的时间标记根据时间差来校正。由于主控站发出的时间信息比实际时间早几秒,因此可通过外部触发信号设定内部时钟时作为基准时间。DFU410 模块分别提供了一个光信号输入和一个电信号输入用于内部时间同步。

DFU410 模块每分钟从外部主时接收钟同步脉冲,且时钟同步发生在信号的上升沿。在 LED 指示的输出模式中,只要来一个光或者电时钟同步脉冲信号,GPS 处 LED 灯就点亮,通过这种方式,GPS 处 LED 灯反映了时钟同步输入的状态。

(九)同期控制

DFU410 模块提供了应用于两个系统间并网操作的合闸同期检测及同期合闸控制功能。同期合闸的子网可以通过 DFU410DIA 手动设置为同频或非同频网,也可以选择由程序自动判别网络状态,从而选择最佳的同期合闸判据。

对于同频系统并网,装置在检测到压差(Δu)、频差(Δf)、角差($\Delta\alpha$)满足条件的情况下即可快速合闸。对于非同频系统并网,装置在检测到压差(Δu)、频差(Δf)、频率加速度($\mathrm{d}\Delta f/\mathrm{d}t$)满足条件的情况下,将准确快速地捕捉第一次出现的同期合闸点,以设定的导前时间发出同期合闸命令,实现快速无冲击合闸。

DFU410 模块同时还支持无压操作,即可选择一侧失压一侧有压,或两侧均失压情况下的合闸控制输出。在出现 PT 断线、ACAD 故障、通道故障、断路器位置异常时,DFU410 模块将闭锁同期出口。PT 断线信号路数可由 DIA 配置。DFU410 模块的同期控制功能还具有下列优点:

(1)同期过程信息产生及上送:同期成功、同期复归、同期闭锁。

(2)8 组同期操作数据记录功能。

(3)转角补偿功能,可设定范围为 0°~360°,无须转角变压器。

(4)同期相可选择,以满足现场的不同需求。

(5)所有同期定值可设置及存储,以适应系统不同方式的要求。

(6)可通过配置工具进行同期定值设置、同期记录读取及操作。

(7)同期检测状态和结果进行 LED 实时指示。

(十)CAN 通信总线

DFU410 模块具有 CAN 总线通信功能，可将现场的多个装置联网，配合上位工控机实现集中调试及就地监视功能。传输介质包括：

(1)采用双屏蔽的双绞线来布线。

(2)符合 ISO 11898 标准的 CAN 收发器。

(3)最大节点数为 110 个。

DFU410 模块的功能特点包括：

(1)插件内装有 120 Ω 终端电阻，面板配置终端电阻开关，可以方便地实现匹配电阻的接入与断开。

(2)接口内部采用独立封装的 CAN 隔离模块，具有隔离、ESD 保护及总线过压防护功能。

第五章　直流场设备

第一节　直流开关

一、使用直流开关的目的

使用直流开关的目的有两个：一是在主直流回路的重新组合过程中使直流电流改线；二是通过改线，熄灭由直流电流故障引起的故障电流。在这两种情况下，直流开关均不能断开直流电流，但它能将其换到想要的电流通道。为了转换直流电流，直流开关必须能产生一个足够高的反向电压，以强迫电流转到想要的通道。直流开关的基本结构如图 5-1 所示。

图 5-1　直流开关的基本结构

中性线开关 NBS 用于从运行极隔离停运换流器的中性线。在由中性线绝缘故障引起的单极跳闸的情况下，跳掉的一极 NBS 会将泄漏电流的直流电流转换到最大直流极电流。

中性线接地开关(NBGS)用于为直流站内的直流中性线提供一个暂时的本地接地。本地接地的最重要用途是在清除某些直流故障时，用作中性线的一个暂时接地点。该本地接地点也在诸如接地极的维护工作中使用。

二、直流开关原理

根据断口间电弧的负电阻特性和不稳定性，直流开关利用与断口间隙并联的电容、电感串联回路中产生递增的自激振荡，使在电弧间隙的开断直流电流上叠加增幅的振荡电流，利用电流过零时开断电路。

三、直流开关结构

(一)断路器单元

图 5-2 所示为断路器单元的剖视图，可见其气密式瓷套(22.1)由断路器触头、吹弧气筒(22.5)和吹弧活塞(22.13)组成。电流路径由上方高压端子(22.25)、导电管支架(22.3)、导电管(22.9)、布置在动导电管环里的触指(22.7.4)、导向管(22.11)和下方高压端子(22.22)组成。

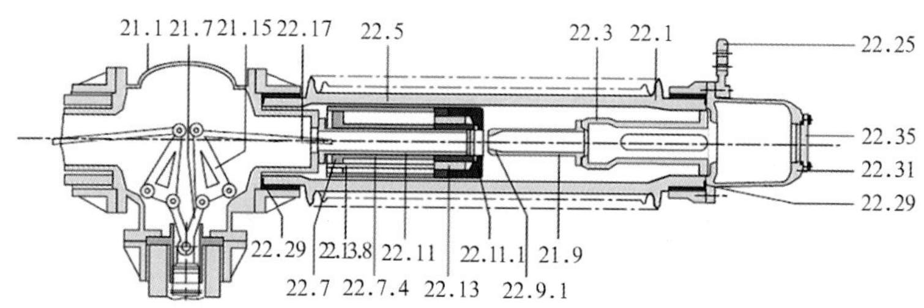

图 5-2　具有外壳的断路器单元剖视图

21.1-传动装置外壳；
21.7-耦合器
21.15-摇动装置
22.11.1-灭弧喷嘴
22.13-吹弧活塞
22.1-瓷套
22.3-导电管支架
22.5-吹弧气筒
22.7-动导电管
22.7.4-触指
22.9-导电管
22.17-连接杆
22.29-密封环
22.25-高压端
22.13.8-螺栓
22.9.1-灭弧喷嘴

螺旋弹簧从两端往中间挤压触指(22.7.4),以在导向管和导电管上产生所需的压力。导电管(22.9)和导向管(22.11)装有灭弧喷嘴(22.9.1 和 22.11.1),其材料只产生最小的触点腐蚀。

动导电管(22.7)与吹弧气筒(22.5)机械连接,并通过一个带有操动杆的轭(22.17)耦合。吹弧活塞(22.13)通过支撑螺栓(22.13.8)固定在下方端子上。

(二)灭弧

如图 5-3 所示,开断时,动导电管(22.7)和吹弧气筒向固定吹弧活塞(22.13)移动。SF_6 气体由此在吹弧气筒(22.5)中得到压缩,并在触点分离后强制通过吹弧栅(22.5.1)进入灭弧喷嘴(22.9.1 和 22.11.1),从而灭弧并重新建立触点间隙的绝缘强度。

在开断高电压时, 由于电弧的作用,SF_6 气体的压力进一步增大,因而灭弧过程将得到有效的支持。

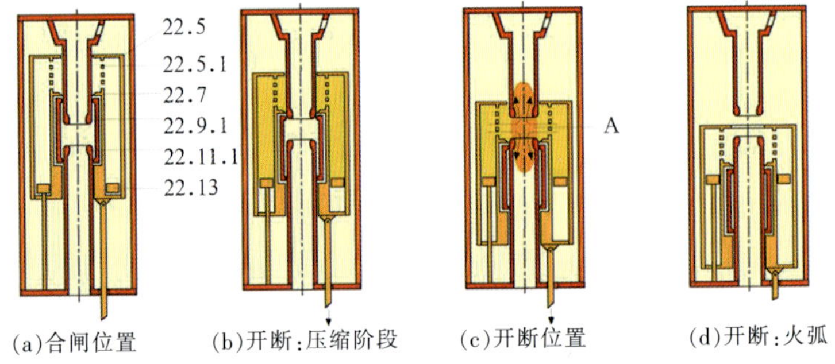

图 5-3　灭弧过程

22.11.1-灭弧喷嘴　22.7-动导电管
22.5-吹弧气筒　22.13-吹弧活塞
22.9.1-灭弧喷嘴　22.5.1-吹弧栅

(三)断路器的液压操动系统

液压操动系统包括下列模块组件:液压操动机构、液压蓄能器、控制单元。

1.液压操动机构

液压操动机构为一紧凑型单元,如图 5-4 所示,在设计上包括液压缸、油箱、阀组。

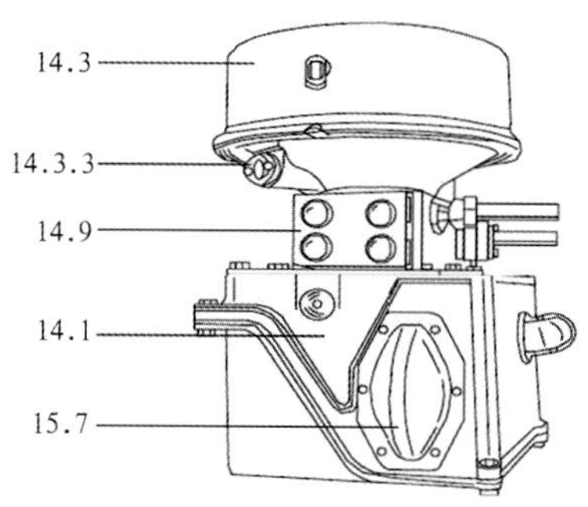

图 5-4　液压操动机构

14.1-阀组　14.3-油箱　14.3.3-观察窗　14.9-液压缸　15.7-开关位置指示器

液压缸的结构如图 5-5 所示,缸内差动活塞(14.7)的行程由主阀门控制,活塞杆(14.7.1,由抗腐蚀材料制成)通过连接杆(15.9)、角传动装置和极柱的操动杆将活塞的驱动运动传递给断路器单元。活塞杆和差动活塞由免维护型双密封(14.9.11)、滑动片(14.9.13)以及活塞密封圈(14.9.7)密封。

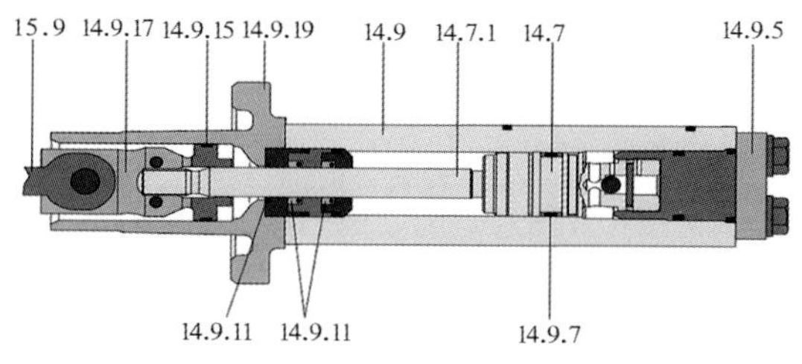

图 5-5　液压缸的结构

14.7-差动活塞　14.9.13-滑动片
14.7.1-活塞杆　14.9.15-导环
14.9-液压缸　14.9.17-轭头
14.9.7-活塞密封　14.9.19-连接法兰
14.9.11-双密封　15.9-连接杆

油箱的结构如图 5-6 所示,断路器开关操作所必需的液压油储存在双壁油箱中。油箱是双壁式的,可拆卸盖(14.3.16)和实际油箱(14.3)之间的空间加热通风,可防止在实际油槽内部形成冷凝物。注油过滤器用隔板(14.3.12)和盖板(14.3.14)进行隔离。在所有的工况下,均可在观察孔中看到液压油位。接通控制电压或进行开关操作时,油泵将液压油从油箱经滤油器打入液压蓄能器。

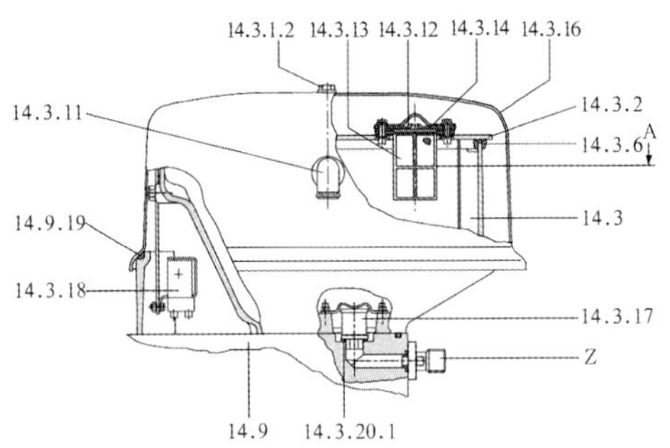

图 5-6　油箱的结构

A　无压条件下的油位	14.3.13　注油过滤器
Z　流回流到泵	14.3.14　盖板
14.3　油箱	14.3.16　盖板
14.3.1.2　螺式密封	14.3.17　过滤器
14.3.2　板	14.3.18　加热
14.3.6　垫圈	14.3.19　微孔橡胶
14.3.11 通气孔	14.3.20.1　密封
14.3.12　盖板	14.9　液压缸

配有分闸和合闸螺线管、辅助开关和 ON/OFF 指示器的阀组(见图 5-7)安装在加热通风空间里。主阀门(14.5)、合闸螺线管(Y1)和 1~2 个分闸螺线管(Y2、Y3)构成同一个模块组件,该组件与无管液压缸(14.9)连接。主阀门(14.5)为支撑式,在每一个终端位置上由钢球止动系统将其保持在无压状态。螺线管通过杠杆(14.14.2 和 14.14.3)操动闭合和断开动作阀门,分别实现闭合和断开命令。

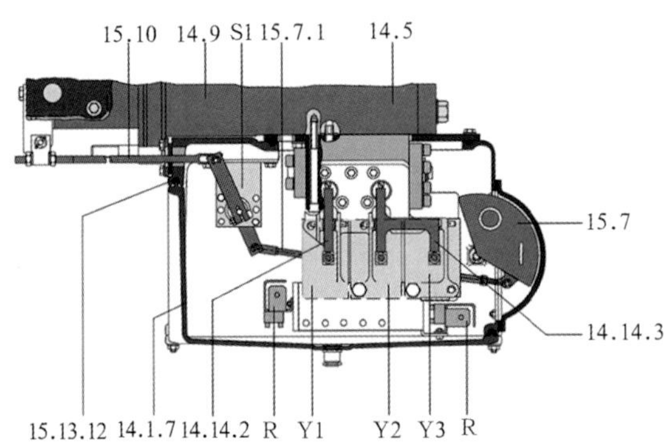

图 5-7　阀组的结构

R　加热	14.14.2　跳闸线圈“闭合”手柄
S1　辅助开关	14.14.3　跳闸线圈“断开”手柄
Y1　合闸螺线管	15.7　开关位置指标器
Y2,Y3　分闸螺线管	15.7.1　ON/OFF 指示器手柄
15.10　辅助开关用连接杆	14.5　主阀门
14.1.7　盖板	15.13.1.2　微孔橡胶

2.液压蓄能器

每台断路器均装有一只液压蓄能器(充氮),用以存贮操作能量,其结构如图 5-8 所示。液压蓄能器由油泵通过管道注油。液压操动机构与液压蓄能器通过高压油管相连。

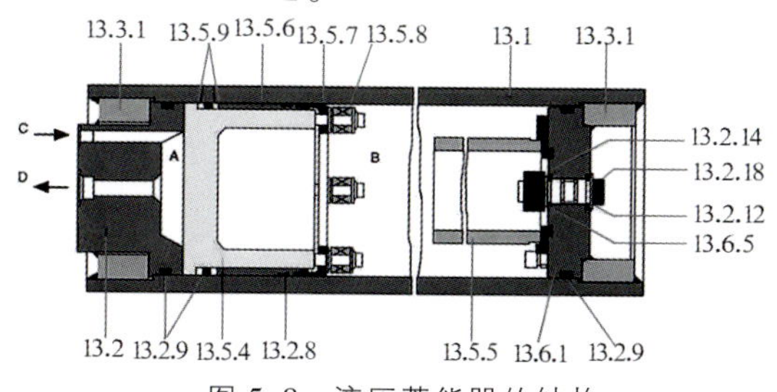

图 5-8 液压蓄能器的结构

A 变压器油
B N_2
C 泵
D 操动机构
13.2.8 活塞导环
13.5.9 支撑环
13.2.14 单向气阀
13.2.18 螺旋塞
13.3.1 螺纹环
13.5.4 活塞
13.5.6 套筒
13.5.8 盘形弹簧
13.2.12 USIT 环
13.6.5 密封圈(铜制)
13.5.5 止动管
13.1 液压蓄能器管道
13.2 分配器
13.5.7 压紧环
13.2.9 密封环
13.6.1 密封板

液压缸为活塞式,自由移动的活塞(13.5.4)将氮气侧和液压油侧分开。活塞由一只密封环(13.2.9)和两只支撑环(13.5.9)密封。盘形弹簧通过套筒和压紧环持续向活塞环施加预应力,因此,尽管压力和温度有波动,但仍可实现最佳的密封效果。定位管(13.5.5)用于限制活塞的行程。止回阀(13.2.14)安装于密封板(13.6.1)上。当注油阀接通时,止回阀打开,以便使氮气重新注入液压蓄能器。

3.控制系统

控制系统包含断路器运行所需的所有二次部件,这些二次部件大部分放置在控制柜和机械壳体里。控制、跳闸、电动机和加热器电压的选择范围很宽,其结构如图 5-9 所示。

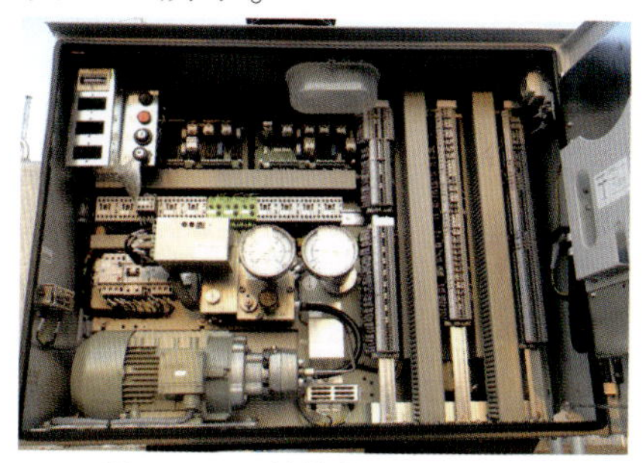

图 5-9 开关控制单元的结构

(四)油泵组

如图 5-10 所示,油泵组包括电机和油泵,电机由液压监视装置(接触器、继电器、时间继电器)控制。

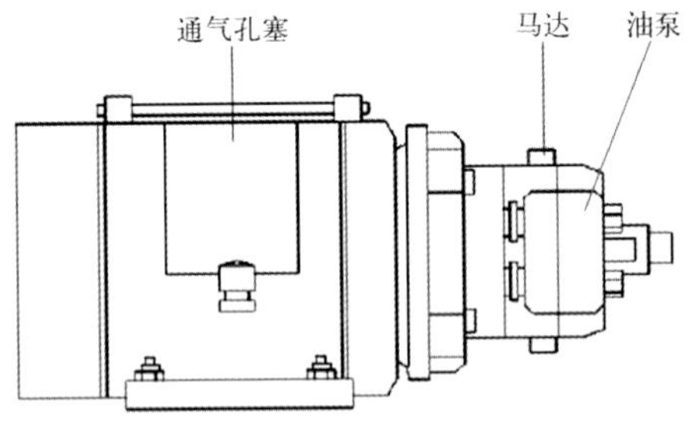

图 5-10　油泵组的结构

(五)液压监控装置

如图 5-11 所示,液压监控装置采用紧凑的模块化设计,各模块集成于同一个液压油监控装置上。被集成在该液压油监控装置内的部件有密封安全阀和释压阀,还有一个逆止阀,用于在液压蓄能器受压时释放油泵内的压力。压力开关 B1 通过电气触点对液压状况进行监控。

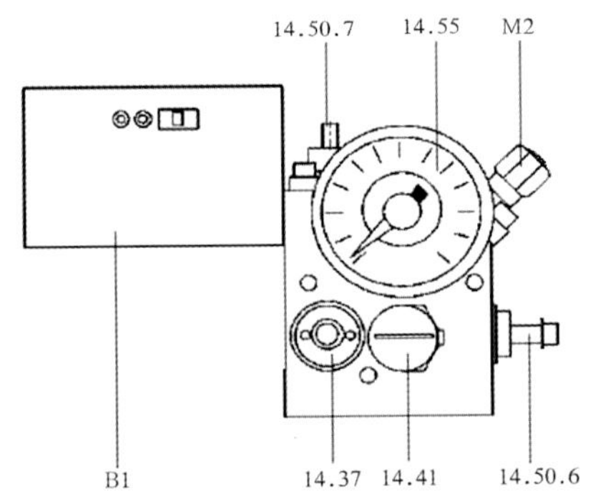

图 5-11　液压监控装置

B1　压力开关
M2　用于增压油测量/手动泵连接的接头
14.37　释压阀
14.41　安全阀
14.50.6　吸入管路(油泵)
14.50.7　压力管路(油泵)
14.55　压力计

(六)电子压力开关

电子压力开关(见图 5-12)有 7 个开关输出,用于监测和控制液压,在需要冗余电源的情况下配备两个交流-直流/直流转换器。微控制器(μC)是压力开关的主要部件,通过模拟/数字转换器(ADC)读入传感器数据。该传感器数据与永久存储在电可擦除可编程只读存储器(EEPROM)里的压力开关点进行比较,在相应的压力下,指定的开关输出通过微控制器进行控制。

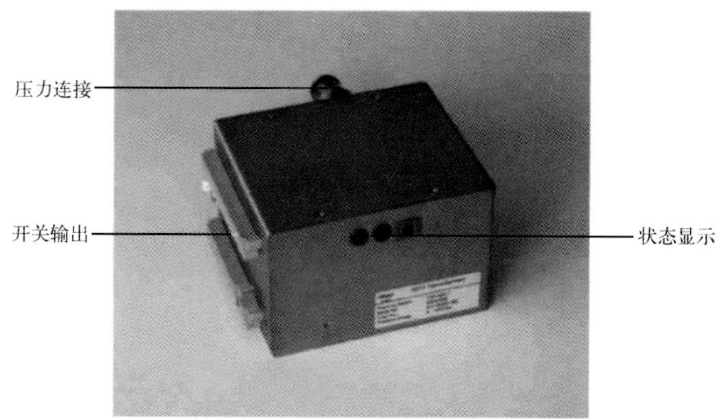

图 5-12　电子压力开关

考虑到断路器中电子压力开关的安全功能,故特为开关配备了内部监测机构,监测机构主要是基于冗余配置的电子设备。电子压力开关包括 2 个电可擦除可编程只读存储器、2 个模拟/数字转换器和 2 个监控器(μC 监测),而且其能对 2 个监控器的状态进行比较。在发生故障的情况下,状态 LED 会由绿色变为红色,且发出系统故障信息。

第二节　直流光电流测量装置

一、直流光电流互感器的原理

光电流互感器具有许多突出的优点,主要包括无绝缘油,因不含铁芯而没有磁饱和及磁滞现象,抗电磁干扰能力强三个方面。光电流互感器共分无源型和有源型两大类, 银东±660 kV 直流输电工程直流换流站使用的是有源型光电流互感器。

有源型光电式电流互感器高压侧的传感头中,全部采用电子器件。在高压侧,用罗柯夫斯基线圈(相当于空心线圈)将母线电流变成若干伏特的电压信号。该电压模拟量先经过 A/D 转换变成数字信号,然后用电光转换(LED)电路将数字信号变成光信号,最后通过绝缘光纤将光信号送到低压侧。在低压侧,由光电转换元件将光信号转换为数字电信号,供继电保护或电能计量等装置使用。光电流互感器的测量回路及传输路径分别如图 5-13、图 5-14

所示。

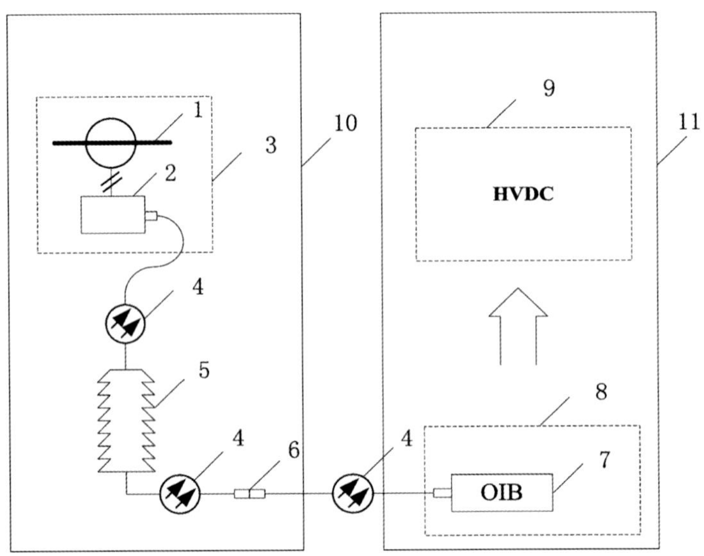

图 5-13　直流光电流互感器的测量回路

1-高压直流线;2-远程模块(一次电流转换器);3-光 CT 本体;4-光纤;5-高压绝缘子;6-光纤耦合器;7-光接口板;8-控制保护主机;9-HVDC 控制保护系统;10-户外部分;11-户内部分

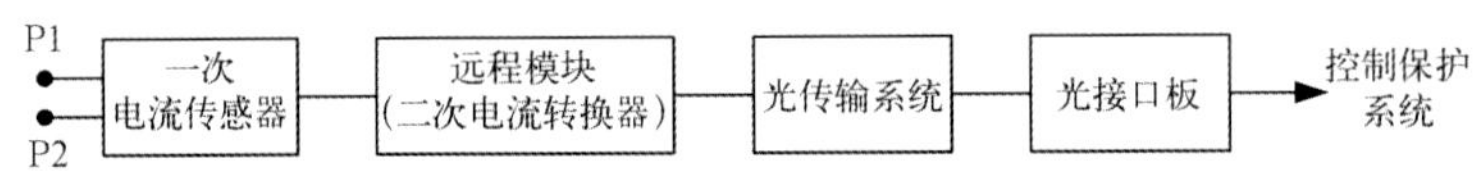

图 5-14　直流光电流互感器的传输路径

无源型光电流互感器的工作原理为:从发光二极管产生的光线进入光纤,起偏后被分成两束正交偏振光。这两束光经过 1/4 波长的波板后,被分别转换为左偏振光和右偏振光,随后进入载流感应区,经反射板反射后再沿原路返回,最终进入检测单元。

二、银东 ± 660 kV 直流输电工程直流换流站西门子光 CT 工作原理及结构

(一)概述

银东±660 kV 直流输电工程直流换流站极Ⅰ线路、双极阀厅、极中性母线、接地极线路、金属回线、站内接地极、直流滤波器高压侧均采用西门子公司的光 CT(由西门子公司下属的 HSP 公司研制)。西门子光 CT 的工作原理是在一次回路串接电阻模块,测量电阻的电压值并转换为数字量,通过光

信号传送给直流测量接口屏，再经 TDM 总线传送给 D/A 转换模块转换为电压模拟量，供相应的控制、保护系统使用。其简要原理如图 5-15 所示。

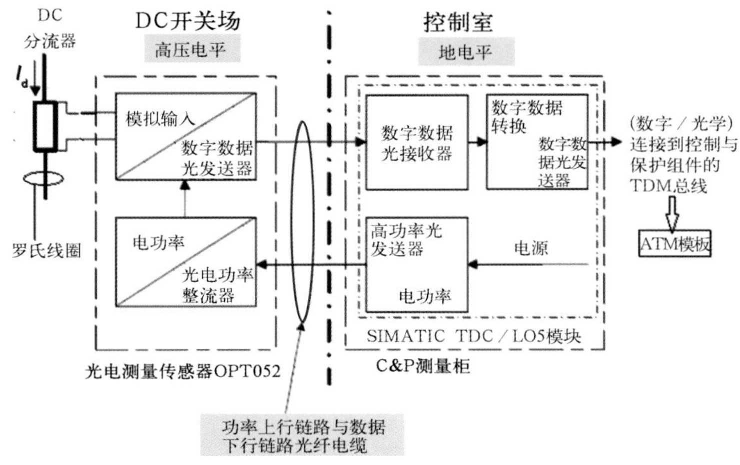

图 5-15 西门子光 CT 测量系统的简要原理

(二)西门子光 CT 的结构

西门子光 CT 测量系统主要由分流器 (Shunt)、光纤复合绝缘子(FOCI)、传感器箱、光缆连接箱、直流测量接口屏构成。

分流器由电阻构成，串接在一次回路，其电阻值约为 48 μΩ(NBGS 回路 CT 为 1666 μΩ)。极线光 CT 的分流器还带有罗柯夫斯基线圈，根据电磁感应测量回路中的谐波电流，用于谐波监视。

FOCI 光纤复合绝缘子由分段式硅胶复合绝缘子构成，内置光纤电缆，硅胶复合绝缘子和光纤电缆间的间隙填充有干燥的绝缘材料。

传感器探头箱位于高压端，通过电路板与分流器连接，箱内测量传感器 OPT052 是用于测量分流器的电压，并转换成光信号传送给测量接口屏的 L05 模块。每个 OPT052 模块有 2 根光纤与测量接口屏的 L05 模块连接，红色光纤接收 L05 模块的激光供能，用作 OPT052 模块的工作电源；绿色光纤向 L05 模块发送测量数据，其结构如图 5-16 所示。

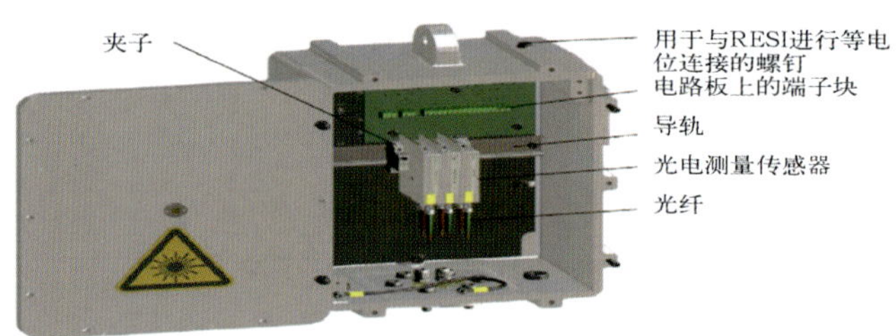

图 5-16　传感器探头箱

光缆连接箱位于接地端，箱内有一个带有 ST-连接器的托板，用于通过 ST 插塞与光纤接地电缆连接。

每极控保室有三面直流测量接口屏，每面屏上有 2 个 TDC 装置。其中，第一、二面屏的 TDC 如图 5-17 所示，TDC A 直流电流分别送给极控 A、B，第三面屏的 TDC A 直流电流送给谐波监视屏；第一、二面屏的 TDC B 直流电流分别送给直流保护 A、B 和直流滤波器保护 A、B，第三面屏的 TDC B 直流电流送给直流保护 C。TDC 上的 L05 模块主要用于向 OPT052 模块提供电源，并接收 OPT052 模块发送的数据，数据在完成处理后由 TDM 总线信号传输。

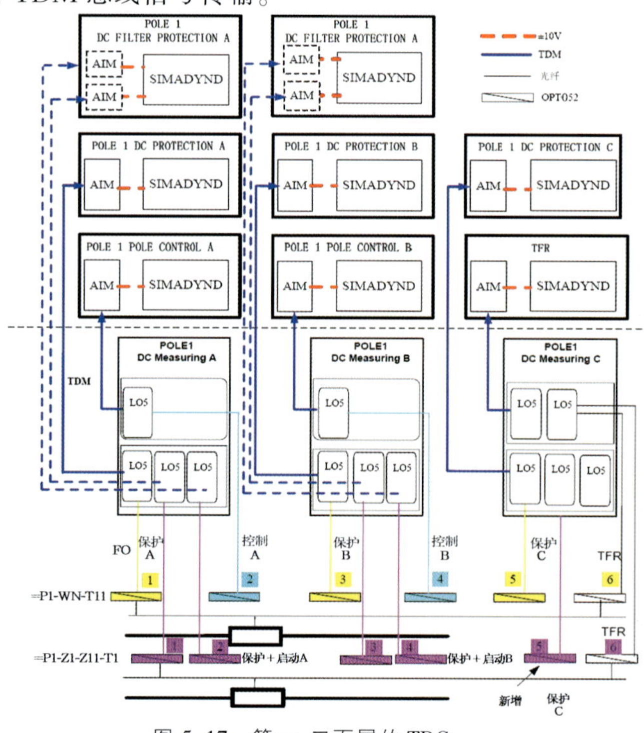

图 5-17　第一、二面屏的 TDC

测量系统与控制保护系统的连接采用光纤传输，由 TDM 总线送到 AIM 接口装置,转换成模拟量输入,直接引入控制保护系统。AIM 接口装置由西门子公司提供,安装在许继控保系统中。

三、银东±660 kV 直流输电工程直流换流站直流滤波器不平衡光 CT 的工作原理及结构

(一)直流滤波器不平衡光 CT 的工作原理

银东±660 kV 直流输电工程直流换流站直流滤波器不平衡光 CT (见图 5-18) 采用南瑞继保公司生产的 PCS-9250-EAC-340-1 型悬式不平衡电子式电流互感器,额定电压为 340 kV,额定电流为 1 A,主要用于测量滤波器的不平衡支路电流。

图 5-18　不平衡 CT 外观图

直流滤波器不平衡光 CT 的工作原理是通过低功率 CT (LPCT)测量一次电流,并将测量值送至远端模块;远端模块将电流信号转换成数字光信号,通过光纤送至合并单元,最后由合并单元处理后送至直流滤波器保护系统。

(二)直流滤波器不平衡光 CT 的结构

电流互感器主要由低功率 CT(LPCT)、远端模块、光纤绝缘子及合并单元四部分构成。

低功率 CT(LPCT)位于高压侧,采用一次穿芯结构,主要用于传感

一次电流信号。

远端模块也称“一次转换器”,也位于高压侧。远端模块用于接收并处理 LPCT 输出信号 (转换成数字光信号), 并通过光纤传输至合并单元。远端模块由合并单元提供的激光供电,激光功率可根据远端模块的工况实时调节。每个 CT 配置 4 个完全相同的远端模块,各个模块互为备用,以保证电流互感器具有较高的可靠性。

光纤绝缘子为内嵌光纤的实芯复合绝缘子,内嵌 12 根 62.5/125 μm 的多模光纤(其中 6 根 FC 头光纤,6 根 ST 头光纤),实际使用 8 根光纤(4 根传输激光,4 根传输数字信号),另外 4 根光纤备用。光纤绝缘子高压端光纤以 FC 头(圆形带螺纹)连接远端模块的电源口,以 ST 头(卡接式)连接远端模块的数据口。

合并单元位于极控设备室,一方面为远端模块提供激光供电,另一方面接收并处理互感器远端模块下发的数据, 并将测量数据通过 TDM 总线输出至直流滤波器保护系统。

第三节 直流光电压测量装置

一、概述

直流光电压测量装置也叫“直流电压分压器”,安装在直流极母线以及阀厅内中性母线处,用于换流站内控制保护系统的直流电压测量。直流分压器在设计上应当满足各种电气参数及机械强度的要求,如绝缘子长度应与带电部分长度相匹配,以降低放射电压应力;在正常工作时绝缘子表面没有泄漏电流通过测量回路;满足一定的抗震等级,等等。

直流极母线直流分压器测量直流极母线的直流电压,直流中性母线分压器测量中性母线的直流电压,用于直流控制保护系统,包括控制、保护、测量、录波等。

二、直流电压互感器的结构及工作原理

(一)直流极母线分压器的结构

银东±660 kV 直流输电工程直流换流站直流极母线分压器 (中性线分压器)由 TRENCH 公司生产,型号为 RC660−VG(中性线为 RC95−VG),

额定电压为 660 kV(95 kV),二次输出电压为 5 V,主要用于测量母线电压值。

直流分压器主要由高压单元和低压单元组成,其工作原理是通过多个 *RC* 并联模块串联起来的高压单元分压,并通过由 *RC* 组成的低压单元变换成标准的 5 V 信号,传送至直流场测量屏,其中高压单元和低压单元具有相同的时间常数。下面以极母线直流分压器为例进行简单阐述。

(二)直流极母线分压器的工作原理

直流极母线分压器的高压单元位于主复合绝缘子内部,由 9 个相同的 *RC* 模块串联组成。每个 *RC* 模块由分压电容器和精密电阻并联组成,每个分压电容器密闭封装于玻璃纤维管内,并充有六氟化硫(SF_6)气体,额定压力为 380 kPa;26 个精密电阻固定在三条平行线上,分别与每个分压电容器并联,电阻可通过 SF_6 气体的流动来进行冷却。绝缘子内部充满 SF_6 气体,额定压力为 380 kPa,报警压力为 330 kPa,跳闸压力为 280 kPa。

低压单元在极控室内直流测量屏背面的 DIVIDER CONNECTION BOX 内,同样是由 *RC* 模块组成的。低压单元可将高压单元测量的电压值经过 *RC* 回路变换成 5 V 电压值,并输出至隔离放大器。再通过测量屏内的隔离放大模块,变换成标准信号值送至极控、极保护系统。

(三)直流极母线分压器的检查

分压单元分为高压部分和低压部分,根据分压比例,通过低压输出电压反映一次电压,其中低压输出端电压送至电子设备进行测量运算。

分压器底部有一个端子盒,内含端子和电路板,电路板可以调节电压比和响应时间,运行单位不得私自调节该电路板。电路板上有电压限制装置,可防止测量系统电压超过某一限值(如 400 V)。电压限制装置非常重要,因此每隔一段时间必须对其进行检查。

站内进行检查时,必须断开电路板上的 H 接线,该接线从分压器内部连至左侧的电路板端子。分压器底端子盒接线如图 5−19 所示。

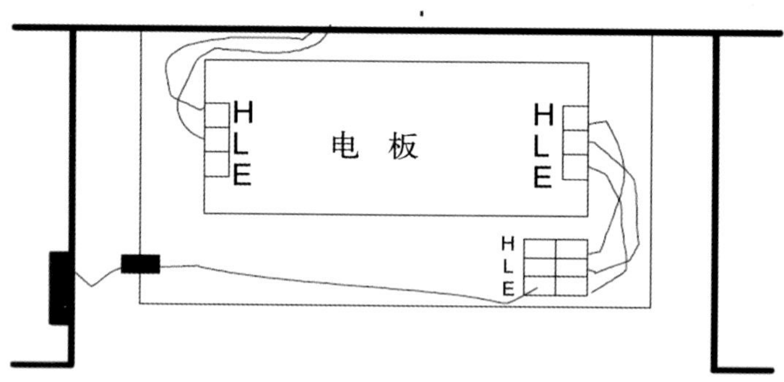

图 5-19　分压器底端子盒接线

在检查时,首先要使用绝缘电阻表检查绝缘电阻。绝缘电阻表使用的电压不应超过 1000 V(直流)。如果将电阻表连接至 H 和 L 端子上,应能够看到电压限制装置内部产生火花。若无火花,则表示电压限制装置有问题。另外,还要使用高压交流电压源进行检查,在连接绝缘检查仪到 H 和 L 端子前先降低电压源输出至 $0\pm_{V}$。升高电压的速率为 50 V/s,直到绝缘检查仪器自动截止电压或电压限制装置内部产生明显火花为止。但电压绝对不要超过 300 V(交流)。若没有自动截止的设备(内建电流限制器),可使用一电阻(阻值不小于 50 kΩ,功率不小于 20 W)与电路板和电压源串联。为了取得较好的结果,可使用峰值电压表检查限制电压。

图书在版编目(CIP)数据

±660 kV 直流换流站核心设备的结构与原理/马龙，刘冬，宋臻吉主编.--济南 ：山东大学出版社，2018.12

ISBN 978-7-5607-5968-5

Ⅰ.①6… Ⅱ.①马… ②刘… ③宋… Ⅲ.①直流换流站－电气设备－技术培训－教材 Ⅳ.①TM63

中国版本图书馆 CIP 数据核字(2019)第 017449 号

责任策划：王文珺
责任编辑：李昭辉
封面设计：张 荔

出版发行：山东大学出版社
社 址 山东省济南市山大南路 20 号
邮 编 250100
电 话 市场部(0531)88364466
经 销：新华书店
印 刷：山东和平商务有限公司
规 格：720 毫米×1000 毫米 1/16
10.5 印张 163 千字
版 次：2018 年 12 月第 1 版
印 次：2018 年 12 月第 1 次印刷
定 价：55.00 元